"十三五"国家重点出版物出版规划项目

非常规水源利用与技术丛书

缺水地区非常规水利用方案研究

刘家宏　陈伟伟　王文晖　邵薇薇　张　蕊　王　宁等　著

U0250682

科学出版社

北　京

内 容 简 介

　　本书较为系统地介绍了非常规水利用的理论和技术,基于非常规水利用领域的国内外研究进展,调研分析了缺水地区非常规水源的利用潜力和模式,并考虑技术可靠、经济可行等因素,以中国厦门市、山西省及海岛国家马尔代夫为例进行研究,提出了适合不同类型缺水地区的非常规水利用方案,为提升缺水地区的水资源承载能力和保障区域水安全提供了科技支撑。

　　本书可为水利工程、环境、城市规划、市政等专业的科研工作者和工程技术人员提供借鉴,也可供相关专业的高等院校师生使用和参考。

图书在版编目(CIP)数据

缺水地区非常规水利用方案研究 / 刘家宏等著 . —北京:
科学出版社,2020.10

(非常规水源利用与技术丛书)

"十三五"国家重点出版物出版规划项目

ISBN 978-7-03-066401-3

I. ①缺… II. ①刘… III. ①干旱区–水资源利用–研究 IV. ①TV213.9

中国版本图书馆 CIP 数据核字(2020)第 198262 号

责任编辑:王　倩 / 责任校对:郑金红
责任印制:吴兆东 / 封面设计:无极书装

科 学 出 版 社 出版
北京东黄城根北街 16 号
邮政编码:100717
http://www.sciencep.com
北京九州迅驰传媒文化有限公司 印刷
科学出版社发行　各地新华书店经销

*

2020 年 10 月第 一 版　开本:720×1000　1/16
2020 年 10 月第一次印刷　印张:11 1/4
字数:250 000
定价:158.00 元
(如有印装质量问题,我社负责调换)

前　言

区别于传统意义上的地表水、地下水等常规水源，非常规水源主要包括再生水、矿井水、雨水、微咸水、海水等，其特点是经过处理后可以再生利用，可以在一定程度上替代常规水源，达到节约用水的目的。面对日益突出的水资源供需矛盾和越发严峻的水资源短缺情势，我国正在积极开展污水再生回用、雨水集蓄利用等非常规水利用。科学合理地开发利用非常规水源，具有增加供水、减少排污、提高用水效率等重要作用，是缓解水资源短缺现状的必然之举，也是建设生态文明的有效途径。本书响应习近平总书记提出的"节水优先、空间均衡、系统治理、两手发力"新时期治水方针，研究了缺水地区非常规水源的利用潜力和模式，以中国厦门市、山西省和海岛国家马尔代夫为例，提出了适合不同类型缺水地区的非常规水利用方案，并对方案的实施效果进行了评价。此外，本书还从政策法规、科学技术、经济激励、宣传引导等方面提出了保障方案实施的措施建议，为缺水地区非常规水利用提供了科学依据。

本书共分为 7 章。第 1 章为绪论，主要介绍了非常规水利用的背景及意义，分析了国内外相关领域的研究进展，并阐述了非常规水利用措施、实践、利用重点及框架；本章由刘家宏、邵薇薇、张冬青等编写。第 2 章为缺水地区非常规水利用模式，将缺水地区分为资源性缺水地区、工程性缺水地区、水质性缺水地区和综合性缺水地区四类，并对不同类型缺水地区的非常规水源进行了分析，提出了污水再生处理利用、矿井水利用、城市雨水利用等非常规水利用技术；本章由刘家宏、邵薇薇、王东等编写。第 3 章为厦门市非常规水利用方案，以厦门市为案例，在对现状分析的基础上，对厦门市非常规水源进行了分析，提出了适用于厦门市的再生水利用方案及相关的保障措施；本章由王宁、陈伟伟、关天胜、黄友谊、吴连丰、谢鹏贵、黄黛诗、霍云超等编写。第 4 章为山西省非常规水利用方案，在对非常规水源分析的基础上提出了适用于山西省的再生水利用方案、矿井水利用方案和城市雨水利用方案，并对方案的实施效果进行了评价；本章由王文晖、张蕊、丁相毅、张慧芳、贾振兴、薄智军、王开博等编写。第 5 章为海岛非常规水利用方案，分析了海岛能源与水资源供给模式，考虑可再生能源和非常规水源的利用，提出了能源和淡水"零输入"型"双源"耦合系统方案，并以马尔代夫为例进行了实证研究；本章由刘家宏、梅超、邵薇薇等编写。第 6 章为促进缺水地区非常规水利用的政策建议，在政策法规、科学技术、经济激励、宣传引导等方面对保障非常规水利用提出了相关的建议；本章由刘家宏、王佳、邵薇薇等编写。第 7 章为结论与展望，对研究成果进行了总结并对未来的发展方向和存在的问题进行了探讨；本章由刘家宏、黄泽等编写。

　　本书的研究成果是中国水利水电科学研究院、山西省水资源研究所和厦门市城市规划设计研究院的科研团队多年相关科研成果的总结和提炼，中国工程院院士王浩、山西省水资源研究所所长邢肖鹏、厦门市城市规划设计研究院副总工程师关天胜等在本书撰写过程中也提供了很多帮助，本书也参考和引用了国内外许多相关专家和学者的研究成果，在此表示衷心的感谢。

　　本书的研究得到国家自然科学基金（项目编号：51739011、51979285）、国家重点研发计划课题（课题编号：2016YFC0401401、2019YFC0408603）等的资助，在此一并表示真诚的感谢。限于作者的研究水平，书中难免存在不足和疏漏之处，敬请读者批评指正。

作　者

2020 年 5 月 17 日

目　　录

第1章 绪 论

1.1 非常规水利用背景及意义

中国是世界主要经济体中受水资源胁迫最严重的国家之一，水资源供需形势极为严峻，尤其是在缺水地区，水资源短缺已成为制约经济社会发展的瓶颈问题。与常规水源相比，非常规水源主要包括雨水、再生水、海水、微咸水、矿井水等，可直接被利用或经过处理后被再生利用，在一定程度上可以代替淡水资源。随着经济社会的不断发展和科学技术的不断进步，水处理技术不断成熟，非常规水源的利用潜力也越来越大。自《中华人民共和国水法》实施以来，中国一直鼓励在水资源短缺地区使用非常规水源，并在2012年发布的《国务院关于实行最严格水资源管理制度的意见》中明确提出将非常规水源开发利用纳入水资源统一配置。在国家政策和科学技术的大力支持下，非常规水源利用已成为缓解缺水地区用水压力的必要手段。但不同缺水地区的缺水类型不同，其所拥有的非常规水源种类也有差别，导致不同缺水地区非常规水源的利用潜力和利用模式也各不相同。因此，本书对不同类型缺水地区的非常规水源的利用潜力和利用模式开展研究，旨在为不同类型缺水地区提供可参考的非常规水利用方案，为缺水地区解决用水难题、保障区域用水安全提供依据。

1.2 非常规水利用措施及实践

自非常规水被开发利用以来，人们在非常规水利用的过程中积累了丰富的经验，同时也对非常规水利用进行了大量研究。非常规水的大规模利用离不开水处理技术的进步及国家政策的指导，非常规水利用的过程也促进了国家政策及水处理技术的发展。因此，非常规水利用方面的研究主要涉及非常规水利用技术、非常规水利用政策及非常规水利用实践等。

1.2.1 非常规水利用技术

目前，被广泛利用的非常规水源主要包括雨水、再生水、矿井水、海水及微咸水，但每种类型的非常规水源的开发利用过程、水处理技术及用途等各有不同，因此本书分别介绍这五种非常规水源的利用技术的相关研究进展。

1. 雨水利用技术

1）缘起与发展

世界干旱地区总面积约占世界陆地面积的 41%，几千年来，人类通过利用降水及其产生的径流得以在干旱地区生存。中东、阿拉伯半岛南部及北非早在4000 年前就出现了收集雨水用于灌溉、生活、公共卫生等的雨水收集系统，如在年降水量仅 100mm 的内盖夫沙漠，当地人利用仅有的雨水发展农业，建立了一系列城市，形成灿烂一时的沙漠文明；斯里兰卡早在公元前就通过修建小型阶式池塘在雨季蓄积雨水，以供缺水季节使用（尉永平和张国祥，1997）。随着社会的发展和工业化程度的提高，城市供水矛盾日益尖锐，雨水利用日益受到人们的重视。20 世纪 70 年代末，城市雨水利用在日本、德国等国家已经非常广泛。1980 年，日本建设省开始推广雨水贮留渗透计划，以补给地下水、改善生态环境；1992 年，京都已有 8.3% 的人行道采用透水性柏油路面，以达到雨水渗蓄并加以利用的目的（奕永庆，2004）。20 世纪初，德国发布了"对未受污染雨水的分散回灌系统的建设和测量"，1989 年出台了《雨水利用设施标准》（DIN1989），20 世纪 90 年代后接连产生第二代和第三代雨水利用技术（全新峰等，2006）。

我国的雨水利用也由来已久，早在新石器时代，就有稻田集水防旱的记载。在周朝，农业活动中就曾利用中耕技术增加雨水入渗，提高农作物产量（奕永庆，2004）。在 2500 年前，人们在安徽省寿县修建了平原水库来拦截径流，灌溉作物，还在汉水流域的丘陵地区修建了串联式塘群（尉永平和张国祥，1997）。20 世纪 50 年代，人们利用窖水点浇玉米、蔬菜等。我国对雨水利用的研究与应用开始于 20 世纪 80 年代，并于 90 年代迅速发展壮大。1980 年初，北京市顺义县通过建造向阳闸拦截汛期降水，以涵养地下水。20 世纪 90 年代初，北京市尝试集蓄屋面降水，经过沉降和渗滤后补给地下水。1995 年，甘肃省东部干旱地区实施"121 雨水集流工程"，内蒙古自治区实施"112 集雨节水灌溉工程"，而后，山西省、河南省、河北省、江苏省、浙江省、贵州省也进行了雨水利用试验研究。1996 年，兰州市召开第一届全国雨水利用学术讨论会。2000 年，北京市正式启动城市雨洪控制与利用工程。2001 年，水利部颁布《雨水集蓄利用工程技术规范》，标志着雨水利用技术的初步成熟（奕永庆，2004）。2007 年，北京市共完成 267 项雨水利用工程，修建封闭式蓄水池 5.8 万 m^3，透水性路面面积达89.4 万 m^2，下凹式绿地面积达 136 万 m^2，每年雨水综合利用量达 604.0 万 m^3。雨水利用的方式主要包括雨水集蓄利用、雨水渗透利用及雨水综合利用，其中雨水集蓄利用主要包括屋面、屋顶绿化及园区雨水集蓄利用系统，雨水渗透利用主要采用渗透地面、渗透管沟、渗透井、渗透池（塘）及综合渗透设施等，而雨水综合利用主要采用生态园区的雨水集蓄利用系统（左建兵等，2008）。

2）国内外利用现状

随着水资源短缺形势的日益严峻和雨水利用技术的不断发展，雨水利用也受到国外一些国家和地区的高度重视。随着第二代、第三代雨水利用技术和标准的相继产生，以及相关政策法律的完善，德国设计出自然开放式排水系统（natural drainage system，NDS）来利用雨水，汉诺威康斯伯格生态社区在应用 NDS 后，平均径流量约为 19mm/a，接近区域未开发前的自然状态（14mm/a），而传统城市社区的平均径流量高达 165mm/a（王阳，2018）。日本关于雨水人工渗蓄系统技术的研究开始较早，在公园、绿地、停车场、庭院、运动场、道路和建筑物等场所，充分利用渗透设施（如渗透池、渗透井、渗透管网）和透水性铺装来渗蓄雨水。目前，日本已建成的雨水利用设施超 150 座，屋顶集水面积超 20 万 m²。东京江东区文化中心修建的雨水收集利用设施面积达 5600m²，雨水调蓄池容积为 400m³，每年可用于中水和城市杂用水的雨水占其年用水量的 45%（王彤，2016）。澳大利亚主要采用透水铺装与蓄水管网上下配合的方式来收集城市雨水（刘志勇，2016）。2012 年，澳大利亚提出以"水–环境–社会"和谐为理念的水敏感城市设计，其目标是通过雨水水质水量控制及雨水利用等措施将城市发展对水环境的影响降到最低（米文静等，2018）。美国一般通过强化地表径流天然入渗能力来加大对雨水的利用，如联合修建渗滤池和补给井，改善补给井的补给能力，每年通过提高天然入渗的方式收集的雨水可供给一个城市 20% 左右的用水量（褚金鹏，2017）。Rahaman 等（2019）对深井回灌集雨技术在孟加拉国巴林德地区的应用潜力进行了分析，认为在生活农业方面推广该技术可缓解水资源危机，还认为该技术可应用于与孟加拉国气候条件相似的干旱地区。除此之外，不少学者对雨水收集进行了研究，如 Durgasrilakshmi 等（2018）借助地理信息系统（GIS）对雨水收集的潜力进行评估，Nnaji 等（2019）对雨水收集漏斗的尺寸进行研究，发现在给定体积下，当倾斜角度为 35.282° 时，漏斗的表面积最小。

在日趋严峻的水资源短缺形势下，我国相继在北京市、上海市、大连市、西安市、昆明市等水资源相对短缺的城市开展了雨水利用的基础性研究及工程建设，其中以缺水形势严峻的北京市的城市雨水利用技术发展较为迅速。21 世纪初，北京市发布了《21 世纪初期 2001—2005 年首都水资源可持续利用规划》及《北京城市总体规划（2004—2020）》，并出台了《关于加强建设工程用地内雨水资源利用的暂行规定》等，这些规划及规定均提出了雨水利用的要求。截至 2010 年，北京市城区已修建 50 多处应用铺设透水路面和集蓄补充等收集利用雨水的雨水利用工程，年均降水收集量为 90 多万 m^3（卢磊，2010）。与我国大部分地区采用雨水渗蓄方式相似，北京市也采用绿地、渗透性路面或者草皮砖等方式对雨水进行人工渗蓄利用。近年来，随着海绵城市理论的兴起，对雨水利用的研究也转移到了海绵城市的建设和低影响开发方式上，住房和城乡建设部在 2014 年发布的《海绵城市建设技术指南——低影响开发雨水系统构建（试行）》中提出，充分利用城市绿地、道路、水系来吸收和下渗雨水，这标志着未来我国的雨水利用技术将与低影响开发紧密结合在一起。申红彬等（2018）对北京未来科技城基于低影响开发的分块配置效果开展了降雨径流监测，结果表明与不采用措施相比，采用分块配置的低影响开发措施的径流系数削减率可以达到 78%，雨水利用率在 85% 以上。

2. 再生水处理利用技术

1）缘起与发展

除了常规水源，再生水已经成为许多国家广泛认可的可利用水源。美国是世界上最早进行污水回用的国家之一，1932 年加利福尼亚州建立了世界上最早的污水处理厂，该污水处理厂将污水处理后用于公园湖泊的观赏景观用水（刘克，2012），20 世纪 70 年代初美国开始大规模兴建污水处理厂，并将污水处理厂二级处理后的出水经适当处理后回用。1969 年，德国 60% 以上的工业耗水已经循环使用（栾兆坤等，2003）。1972 年，以色列开始制定污水再利用计划，大范围实施城市污水回用，其污水回用率高达 72%（韩洋等，2018）。随着工业化进程的加快，20 世纪 80 年代，日本大中城市频发严重的缺水、断水现象，因此日本政府加强节水和水循环利用措施并成立了专门从事污水再生利用技术开发和推广的机构——财团法人造水促进中心；1981 年，日本下水道协会制定了针对冲厕用水、绿化用水的《污水处理水循环利用技术指南》；1991 年，日本建设省制定了《污水处理水中景观、亲水用水水质指南》；2005 年，日本国土交通省颁布了《污水处理水的再利用水质标准等相关指南》，对采用深度处理工艺进行再生水生产时不同工艺应达到的水质标准进行了规定（张昱等，2011）。

我国对城市污水处理与利用的研究起步较晚，1958 年，污水处理与利用被列入国家科研课题进行研究，但当时停留在污水一级处理后灌溉农田的研究阶段；20 世纪 70 年代中期，对城市污水进行了以回用为目的的污水深度处理试验；80 年代初，相继在北京市、大连市、西安市等大城市开展了污水回用的实验研究；80 年代末，随着我国大部分城市水危机的频频出现和污水回用技术趋于成熟，污水回用的研究与实践才得以迅速发展（杨英杰，2013）；90 年代，对城镇污水处理设施建设的投资力度加大，城镇污水处理设施建设不断加快（吴迪等，

2010)，我国污水回用工程在工艺、回用标准、控制和政策等方面取得了丰富的成果。进入 21 世纪后，随着《城镇污水处理厂污染物排放标准》的颁布和实施，城镇污水处理才开始真正从"达标排放"逐步转向"再生利用"，城市污水再生利用项目在北方城市进入大面积推广阶段，主要进行了污水资源化利用技术与示范研究，建设了集中再生水利用工程，并陆续将再生水纳入城市规划（王娟等，2016）。

2）国内外利用现状

再生水在美国、日本、以色列、德国和新加坡等发达国家已经被广泛利用。美国已有 300 多个城市回用污水，再生回用点超过 500 个，每天产生的约 1.32 亿 m³ 的城市污水中仅有 5%~6% 得到有效回用（王娟等，2016），经过处理的污水多用于灌溉、商业用水、水源补给及工业用水（李昆等，2014）。据统计，2010 年，日本共有污水处理厂约 2100 座，年总处理量为 147 亿 m³，而再生水厂约有 290 座，年再生水总产量为 1.92 亿 m³（王娟等，2016），再生水多用于河流补给、景观用水、农业灌溉及融雪等（姜磊等，2018）。再生水是以色列重要的水源之一，2010 年以色列再生水回用量达 4.6 亿 m³，几乎占国内总供水量的 20%，处理后的污水多用于农业灌溉和地下水回灌（武明亮，2017）。在再生水处理技术中，膜技术一直是污水回用的热点问题，不少学者对此进行了研究，并取得了一定的成果。Shahkaramipour 等（2017）对超滤膜进行改进，提高了水通量；Pizzichini 等（2005）通过对膜技术进行测试，发现采用管状陶瓷膜的膜过滤工艺，然后在膜渗透液上进行反渗透过滤，可以回收和重复利用超过 80% 的原始废水；Jafarinejad（2017）通过对反渗透技术在石油工业废水处理中的应用进行研究，发现反渗透膜的排盐率可达 99% 以上。

目前，我国城市污水再生利用工作已经全面启动，国家和地方都开展了相关的科学研究和工程实践。一些城市和地区正在全面规划和实施污水再生利用工程并已经取得了较好的成效。例如，北京市、天津市、大连市、青岛市等积极开展城市污水再生利用并将再生水用于城市杂用、景观用水和工业用水等，同时在制定地方污水再生利用规划和管理措施、发展再生水用户等方面积累了较丰富的经验，为下一步工作奠定了坚实的基础。据《2016 年城乡建设统计公报》显示，截至 2016 年末，全国城市共有污水处理厂 2039 座，污水厂日处理能力达 14 910 万 m³，城市年污水处理总量为 448.8 亿 m³，城市污水处理率达 93.44%。城市再生水日生产能力为 2762 万 m³，再生水利用量为 45.3 亿 m³。我国的再生水多用于农业灌溉、工业利用、景观用水及地下水回灌等。我国城镇污水处理常采用生态塘处理工艺和强化一级处理工艺。生态塘处理是通过池塘中的绿色植物进行净化作用，促进水质达标，而在处理过程中产生的水泥则作为肥料灌溉农作物；强化一级处理主要是指在污水一级处理后，加入相关化学试剂除去水中杂质，使杂质沉淀，以达到污水处理的合格标准（张宏伟，2018）。

3. 矿井水利用技术

1）缘起与发展

国外对矿井水利用的研究相对较早，当时苏联和美国对矿井水的研究利用处于世界先进水平。苏联的研究集中于矿井水的处理排放，其采用的方法有气浮法、电絮凝法等，主要处理技术包括中和法、沉淀、絮凝、砂滤或浮选、电渗析、反渗透及植物净化等，将高悬浮物矿井水处理后用于一般工业用水，将高矿化度矿井水处理后用于工业及生活用水。美国的研究主要集中于酸性矿井水，早期主要采用封闭矿井、封存污染水、酸性矿井水稀释后排放等方法，后期采用中和法和预曝气法结合法、表面活性剂法及人工湿地法等方法，使矿井水利用率达81%。日本主要采用固液分离技术、中和法、还原法及离子交换法等技术来处理矿井水。英国主要通过沉降法、中和法等来处理矿井水，其矿井水利用率已达42%（杜玉龙，2010；马辉，2006）。

我国矿井水多为中性水，也有部分酸性水。我国早期采用自然沉淀和过滤的方式处理矿井水，将简单处理后的矿井水用于洗煤等。20 世纪 70 年代末，我国矿井水净化处理技术有所提高，到 80 年代，我国在大同、平顶山、徐州等地建立了矿井水净化站，矿井水回收利用开始在全国普及。21 世纪初，我国建造了60 余座矿井水处理站，但矿井水的利用率仍很低，平均利用率仅为 22%（程学丰等，2005）；对金属矿山矿井水的资源化利用研究较少，利用程度更低。我国有意识地综合利用矿井水开始较晚，整体利用率只有 15% 左右（邵晓华，2006）。

2）国内外利用现状

国外对矿井水的处理利用技术相对成熟，矿井水综合利用率已达到相对较好的程度。20 世纪 80 年代初，美国的矿井水利用率超过 80%，90 年代末，俄罗斯顿巴斯煤矿的矿井水利用率已达 90% 以上。俄罗斯在井上主要采用溶气气浮法来处理高悬浮物矿井水，在井下常采用电絮凝法去除杂质。目前，许多发达国家利用生物化学的方法来处理铁含量高的酸性矿井水。在地广人稀、土地资源丰富的国家，如美国和一些欧洲国家，开始采用人工湿地处理矿井水，以提高矿井水的综合利用率（张晨星，2017）。Stefanoff 等（2011）设计了一种矿井水处理与回收系统，该系统可以满足季节性灌溉水需求；Karan 等（2019）采用静态床离子交换法对某含碳酸盐铀矿床矿井水中的铀含量进行降低处理。

根据来源及水质的不同，我国将矿井水分为含特殊污染物（如铁、锰）的矿井水、含悬浮物的矿井水、高矿化度矿井水、酸性矿井水及洁净矿井水。对于含悬浮物的矿井水，多采用自然沉淀及加药后混凝、沉淀、过滤及消毒的方法去除悬浮物；对于高矿化度矿井水，多采用电渗析技术和反渗透技术；对于含特殊污染物的矿井水，根据其所含污染物的种类而采用相应的处理方案，如采用空气自然氧化法及苏打法去除过量的铁，采用生物法去除过量的锰；对于酸性矿井水，多采用中和法进行处理（张晨星，2017）。目前，高密度沉淀技术、超磁分离技术和采空区过滤技术已成功应用于去除矿井水中的悬浮物，成熟的膜法脱盐和热法脱盐也广泛应用于高矿化度矿井水的浓缩脱盐（郭强，2018）。孙文洁等（2019）结合国外对废弃矿井水资源化利用的经验，提出我国对废弃矿井水资源化利用模式，如分质供水、阶梯利用、井下处理、就地复用，以及矿井水资源化、生态化利用等。

4. 海水淡化技术

1）缘起与发展

地球约71%的面积被海洋覆盖，淡水资源相对匮乏，在此情况下，向海要水，将海水变为可利用的淡水资源，一直是人类探索的方向。公元前1400年，海边居民通过煮沸海水后冷却的方法来提取淡水，由此开启了人类淡化海水之路。1560年，突尼斯建造了世界上第一个陆基海水脱盐工厂，17～18世纪，海水蒸馏淡化技术及冰冻海水淡化技术相继诞生。19世纪以来，随着蒸汽机的发明，出现了浸没式蒸馏器，随后也涌现出各种海水淡化装置，如太阳能海水淡化装置、船用海水淡化器及基于多效蒸发原理的海水淡化装置等。现代意义上的海水淡化技术在20世纪50年代后迅猛发展。1954～1960年，电渗析海水淡化装置、多级闪蒸法海水淡化技术及反渗透法海水淡化装置相继问世。20世纪70年代，低温多效海水淡化技术得到进一步推广，80年代以后，反渗透技术以其耗能低、投资运行快的特点得到迅猛发展（朱淑飞等，2014）。

1920年前后，我国山东省威海市刘公岛上建立了第一座陆基海水淡化蒸馏塔。但我国对于海水淡化技术的研究始于20世纪50年代。1958年，国家海洋局第二海洋研究所在我国率先开展离子交换膜电渗析海水淡化研究；1970年，全国第一个海水淡化研究室成立。20世纪80年代，我国建立了第一个日产200t的电渗析海水淡化站，并开始研究蒸馏法海水淡化装置。1997年，我国第一套$500m^3/d$反渗透海水淡化装置在浙江省舟山市嵊山县建成投产，标志着我国海水淡化进入规模化应用阶段。21世纪初，我国的海水淡化产业进入蓬勃发展时期，2005年，我国发布了第一个有关海水淡化的指导性纲领文件——《海水利用专项规划》（朱淑飞等，2014）。

2）国内外利用现状

目前，海水淡化产业及装置已覆盖世界上 150 多个国家和地区，其主要分布于水资源匮乏但经济实力雄厚的中东地区，沙特阿拉伯（简称沙特）是全球第一大淡化海水生产国，其产量约占全球总产量的 18%（朱淑飞等，2014）。当前，国际上已商业化应用的主流海水淡化技术有多级闪蒸、低温多效蒸馏法和反渗透法。截至 2011 年，全球有近 16 000 家海水淡化厂，总装机容量达 $7.48 \times 10^7 \mathrm{m^3/d}$，其中反渗透法的装机容量占 63%，多级闪蒸和多效蒸馏的装机容量分别占 23% 和 8%。由海水（微咸水）淡化技术生产的淡水总量中，市政部门的消耗占 62%，主要供给人们生活用水；工业和电力用户（电厂）的消耗分别占 26% 和 6%；农业灌溉、旅游和军事等的消耗占 6%（郑智颖等，2016）。沙特的淡水资源大约 61% 来自海水淡化，其余的由地下水提供，其中 84% 供给农业使用，现有的海水淡化总产量中，产自多效蒸馏技术的淡水约占 5%，产自多级闪蒸技术和反渗透技术的淡水分别约占 68% 和 27%（叶凯，2019）。虽然蒸馏法最初用于海水淡化，但是进入 21 世纪以来，渗透膜技术已被世界范围接受（Kurihara and Takeuchi，2018）。近年来，部分学者对渗透膜开展研究，并取得了一些成果，如 Chaudhri 等（2017）对渗透蒸发膜技术加以改进，提高了该技术的生产通量；Kawakami 等（2018）对反渗透膜进行研究，发现引入更多的羧基可以提高反渗透膜的透水性。

目前，我国海水淡化产业已粗具规模。《2017 年全国海水利用报告》显示，截至 2017 年底，全国已建成海水淡化工程 136 个，工程规模为 1 189 105t/d，年利用海水作为冷却水 1344.85 亿 t。反渗透技术的单位产品成本相对较低，是我国海水淡化的主要工艺（Jia et al.，2019），全国有应用反渗透技术的工程 117个，应用低温多效技术的工程 16 个，应用多级闪蒸技术的工程 1 个，应用电渗析技术的工程 2 个。我国海水淡化处理后主要用于工业和生活用水，其中工业用水的工程规模占总工程规模的 66.56%，居民生活用水的工程规模占总工程规模的 33.11%，绿化等其他用水的工程规模占总工程规模的 0.33%。近年来，我国对海水淡化技术的研究越来越多，也取得了不少成果，如纪运广等（2018）设计出一种新型船舶反渗透海水淡化工艺，该工艺采用一种变压力-恒产水率新型工艺控制模式，系统组成简单，安全可靠，易于控制，且具有体积小、噪声低等突出优点，可满足船舶海水淡化设备小型化、节能化的要求；Meng 等（2018）提出一种压力辅助渗透（pressure assisted osmosis，PAO）与低压反渗透（low pressure reverse osmosis，LPRO）相结合的污水回用海水淡化新工艺，该工艺渗透通量和产水质量均较高，其总有机碳的去除效率可达 98%；叶鸿烈等（2019）对太阳能海水淡化技术的经济性模型与影响因素进行分析，结果表明影响太阳能海水淡化成本最主要的因素是太阳能辐射资源、系统使用寿命、系统制造价格和系统性能系数；Li 等（2019）设计出一种利用面粉微形态控制的生物质太阳能界面蒸汽发生器（solar-driven interface steam generate，SISG），为淡水缺乏地区大规模生产海水淡化 SISG 装置提供技术支撑。

5. 微咸水利用技术

1）缘起与发展

随着淡水资源供需矛盾加剧，合理开发利用浅层地下微咸水已成为微咸水分布地区解决水资源短缺问题的重要途径之一。国外关于微咸水开发利用的探索已有 100 多年的历史，美国、以色列、法国、日本、意大利、澳大利亚等数十个国家都有微咸水利用的历史，并逐步建立起较完善的技术体系（王全九和单鱼洋，2015）。国外微咸水淡化技术主要包括自然絮凝预处理技术、太阳能电池板集成技术、反渗透技术、低温多效蒸馏技术、多级闪蒸技术、太阳能蒸馏技术及电渗析技术等（吴敏等，2012），微咸水经过淡化以后主要用于农业灌溉。在美国西南地区，人们用微咸水灌溉棉花、甜菜等作物，不仅不会影响作物的产量，有些情况下还可以提高产量；以色列是典型的微咸水、咸水应用广泛的国家，其认为淡化后的微咸水适用于通过喷灌或滴灌的方式灌溉轻或中等质地的土壤。突尼斯淡水矿化度普遍大于 1g/L，其在 1962 年成立了微咸水灌溉研究中心，对有效利用微咸水展开研究，发现在微咸水灌溉后 4 年土壤化学组成和含量基本稳定，在合理灌溉和管理条件下，作物可以获得高产（徐秉信等，2003）。20 世纪末至 21 世纪初，叙利亚对微咸水灌溉进行为期 3 年的试验，结果表明用微咸水灌溉的番茄的含糖量要高于同期用淡水灌溉处理的番茄（Gawad et al.，2005）。除此之外，印度、埃及、日本、意大利等国家也都利用微咸水进行农业灌溉。

我国微咸水资源储量丰富且分布广泛，据统计约为 200 亿 m^3，其中可开采量为 130 亿 m^3，绝大部分微咸水埋藏于地下 10～100m 处，宜于开采利用（刘友兆和付光辉，2004）。国内常用的微咸水淡化技术有蒸馏法、电渗析法、反渗透法、冷冻法、超滤法等，其中蒸馏法主要包括多效蒸馏、多级闪蒸、膜蒸馏等（吴敏等，2012）。我国自发利用微咸水进行农田灌溉的实践已经有很长的历史，但我国在 20 世纪 60～70 年代才开始微咸水灌溉和合理利用的研究工作。宁夏回族自治区是我国较早利用微咸水进行农田灌溉的地区，实践表明微咸水灌溉的作物产量比旱地作物产量高 3～4 倍（徐秉信等，2013）。天津市郊县进行微咸水和咸水灌溉大田试验研究，结果表明用微咸水灌溉比旱作具有明显的增产效果（魏磊，2016）。

2）国内外利用现状

国外的微咸水处理技术相对成熟，微咸水处理技术集成是当前的研究热点。在中东、北非、南欧及地中海小岛，利用光电驱动的反渗透脱盐技术可为缺水或水质较差的偏远地区或小岛的饮用水供给问题提供解决途径。在英国、德国、哥伦比亚、夏威夷、澳大利亚及希腊等国家，风能也被广泛用于膜技术脱盐工艺中（吴敏等，2012）。Richards 等（2014）确定了一种可用于微咸水淡化的膜过滤系统安全运行窗口的方法，可用于各种膜过滤系统的性能评估。近年来，电容去离子技术（capacitive deionization，CDI）也成为一种节能、经济的微咸水脱盐技术。Sriramulu 和 Yang（2019）对 CDI 技术进行了改进，使法拉第电极与电容电极配对成为一种混合电容去离子技术，该技术成本较低且电极性能更高；Kim 等（2017）开发了一种新的电池电极去离子（the battery electrode deionization，BDI）系统，该系统具有高电极脱盐能力，消耗的能量比 CDI 小。在许多脱盐技术中，以太阳能为动力的加湿–除湿（humidification dehumidification，HDH）技术被广泛应用于小规模生产，Ranjitha 等（2018）对太阳能海水淡化过程中的除湿器进行优化设计，改进了 HDH 中的除湿技术。

目前，我国微咸水经过处理后已成功应用于农业灌溉、水产养殖、工业冷却降温及淡化饮用方面。微咸水用于灌溉的主要途径有直接灌溉、混灌、轮灌及交替灌溉，灌溉的方式主要包括淹灌、沟灌、喷灌、滴灌和畦灌（魏磊，2016）。地下微咸水水质稳定，无污染，比海水养殖安全，因此利用咸水、微咸水养殖成为一种投资大，但收益高、周期短、见效快的开发模式。微咸水在制碱厂既可以用于冷却降温，又可作为盐溶剂。咸水、微咸水还可用于油田注水驱油，每年可以节约淡水 2500 万 ~3000 万 m^3。目前，中国有 50 余家电渗析法生产厂，在低盐度微咸水脱盐方面占据较大市场，日产水量约 60 万 t（刘友兆和付光辉，2004）。梁硕硕等（2018）对环渤海低平原夏玉米对土壤水盐阈值的响应进行研究发现，该地区在冬小麦生长季用矿化度不超过 5g/L 的微咸水灌溉，利用冬小麦夏玉米关键生育期水分调控，可消减微咸水灌溉土壤盐分积累对玉米出苗的影响，结合夏玉米出苗水管理和雨季淋盐，实现周年稳产和水盐平衡，根层土壤不积盐。王全九等（2018）采用室内土柱试验方法分析了去电子处理后的微咸水对土壤水盐运移的影响，结果发现去电子化处理能够改善土壤水盐运移特性，有利于微咸水安全利用。

1.2.2 非常规水利用政策

为缓解水资源短缺问题，越来越多的国家开始重视非常规水源的利用，并为此出台了一些政策和法律法规，以促进非常规水开发利用技术的发展，提高非常规水源的利用率。

1. 国外相关政策

非常规水利用在国外已有较长的历史，有关非常规水利用的相关政策的制定也相对较早，如欧盟在 20 世纪 70 年代发布了一系列与再生水相关的政策，如《洗浴水指令》《地表水指令》《淡水鱼指令》等，1991 年，欧盟颁布了《城市污水处理指令》，要求成员国在"任何合适的时候"回用处理后的污水（李昆等，2014）。日本在 1980 年发布《污水处理水循环利用技术方针》，在 1981 年制定针对冲厕用水、绿化用水的《污水处理水循环利用技术指南》（张昱等，2011）。进入 21 世纪后，非常规水利用发展迅速，关注非常规水利用的国家越来越多，与非常规水相关的政策也越来越丰富。澳大利亚进入 21 世纪后，相继发布了《污水处理系统指南：再生水的使用》（2000 年）、《澳大利亚水回用指南：健康和环境风险管理（第二阶段）：饮用水供应的扩大》（2008）、《澳大利亚水回用指南：健康和环境风险管理（第二阶段）：雨水收集与回用》（2009）及《澳大利亚水回用指南：健康和环境风险管理（第二阶段）：监管下的含水层回灌》（2009）等。日本相继出台一系列政策标准和规划，如《再生水利用下水道事业条例》（2003）、《污水处理水的再利用水质标准等相关指南》（2005）及《下水道白皮书》（2009）等。美国发布了一系列供水用水法规、污水回用法规和指南等，其中《污水回用指南 2012》将污水再生利用分为城市用水、农业用水、蓄水、环境用水、工业用水、地下水补给和饮用性利用七大类，为污水回用提供了一份推荐性的水回用管理指南（李昆等，2014）。

2. 国内相关政策

1）国家政策

我国制定的与非常规水利用相关的政策法规如表 1-1 所示。

表 1-1　我国与非常规水利用相关的政策法规

序号	名称	发布部门	发布年份
1	中华人民共和国水法	全国人民代表大会常务委员会	2002
2	关于推进水价改革促进节约用水保护水资源的通知	国务院办公厅	2004
3	中华人民共和国循环经济促进法	全国人民代表大会常务委员会	2008
4	中华人民共和国抗旱条例	国务院	2009

续表

序号	名称	发布部门	发布年份
5	国务院关于实行最严格水资源管理制度的意见	国务院	2012
6	国家农业节水纲要（2012—2020 年）	国务院办公厅	2012
7	计划用水管理办法	水利部	2014
8	生态文明体制改革总体方案	国务院	2015
9	中共中央 国务院关于加快推进生态文明建设的意见	国务院	2015
10	国务院关于深化泛珠三角区域合作的指导意见	国务院	2016
11	农业绿色发展技术导则（2018—2030 年）	农业农村部	2018

（1）《中华人民共和国水法》。

《中华人民共和国水法》由第九届全国人民代表大会常务委员会第二十九次会议于 2002 年 8 月 29 日修订通过，自 2002 年 10 月 1 日起施行。该法第三章第二十四条规定："在水资源短缺的地区，国家鼓励对雨水和微咸水的收集、开发、利用和对海水的利用、淡化。"第五章第五十二条规定："加强城市污水集中处理，鼓励使用再生水，提高污水再生利用率。"

（2）《关于推进水价改革促进节约用水保护水资源的通知》。

《关于推进水价改革促进节约用水保护水资源的通知》由国务院办公厅于 2004 年发布。该通知第七条"合理确定再生水价格"中提到："缺水地区要积极创造条件使用再生水，加强水质监测与信息发布，确保再生水使用安全。"第十四条"积极扶持和促进海水开发利用"中提到："尽快制订和实施海水利用规划，优化沿海地区水资源结构，扩大海水利用规模。沿海地区要统筹利用海水淡化水，对以供应居民用水为主的海水淡化厂和管网设施，应予以一定的扶持。利用海水生产淡水的，免征水资源费，以降低其生产成本，扶持和促进海水开发和利用。"

（3）《中华人民共和国循环经济促进法》。

《中华人民共和国循环经济促进法》由第十一届全国人民代表大会常务委员会第四次会议于 2008 年 8 月 29 日通过，自 2009 年 1 月 1 日起施行。该法规定："国家鼓励和支持沿海地区进行海水淡化和海水直接利用，节约淡水资源。""采矿许可证颁发机关应当对申请人提交的开发利用方案中的开采回采率、采矿贫化率、选矿回收率、矿山水循环利用率和土地复垦率等指标依法进行审查；审查不合格的，不予颁发采矿许可证。""在缺水地区，应当调整种植结构，优先发展节水型农业，推进雨水集蓄利用，建设和管护节水灌溉设施，提高用水效率，减少水的蒸发和漏失。""国家鼓励和支持使用再生水。在有条件使用再生水的地区，限制或者禁止将自来水作为城市道路清扫、城市绿化和景观用水使用。"

（4）《中华人民共和国抗旱条例》。

《中华人民共和国抗旱条例》已经于2009年2月11日国务院第49次常务会议通过，并于2009年2月26日公布，自公布之日起施行。该条例第三十四条规定："发生轻度干旱和中度干旱，县级以上地方人民政府防汛抗旱指挥机构应当按照抗旱预案的规定，采取下列措施：（一）启用应急备用水源或者应急打井、挖泉；（二）设置临时抽水泵站，开挖输水渠道或者临时在江河沟渠内截水；（三）使用再生水、微咸水、海水等非常规水源，组织实施人工增雨；（四）组织向人畜饮水困难地区送水。"

（5）《国务院关于实行最严格水资源管理制度的意见》。

《国务院关于实行最严格水资源管理制度的意见》第十二条"加快推进节水技术改造"中提到："鼓励并积极发展污水处理回用、雨水和微咸水开发利用、海水淡化和直接利用等非常规水源开发利用。加快城市污水处理回用管网建设，逐步提高城市污水处理回用比例。非常规水源开发利用纳入水资源统一配置。"

（6）《国家农业节水纲要（2012—2020年)》。

《国家农业节水纲要（2012—2020年)》第四条"优化配置农业用水"中提到："充分利用天然降水，合理配置地表水和地下水，重视利用非常规水源，提高农业用水总体保障水平。""在不具备常规灌溉条件的地区，利用当地水窖、水池、塘坝等多种手段集蓄雨水，解决抗旱播种和保苗用水。"第十一条"黄淮海地区"中提到："在地下水超采区严格控制新增灌溉面积，大力提倡合理利用雨洪资源、微咸水、再生水等。"

（7）其他政策。

《计划用水管理办法》中第十五条提到用水单位具备利用雨水、再生水等非常规水源条件而不利用的，管理机关应当核减其年计划用水总量。《生态文明体制改革总体方案》第十八条"完善最严格的水资源管理制度"中提到："完善水功能区监督管理，建立促进非常规水源利用制度。"《中共中央 国务院关于加快推进生态文明建设的意见》第十三条"加强资源节约"中提到："积极开发利用再生水、矿井水、空中云水、海水等非常规水源，严控无序调水和人造水景工程，提高水资源安全保障水平。"《国务院关于深化泛珠三角区域合作的指导意见》第二十四条"加强跨省区流域水资源水环境保护"中提到："支持发展再生水、海水等非常规水资源利用产业。"《农业绿色发展技术导则（2018—2030年)》中提到要重点研发非常规水循环利用技术。

2）国家行业规划

近年来，我国与非常规水相关的行业规划如表 1-2 所示。其中，对非常规水有明确详细规划的分别是国务院 2015 年发布的《水污染防治行动计划》和 2017年发布的《全国国土规划纲要（2016—2030 年)》，其与非常规水有关的详细规划如下。

表 1-2　我国与非常规水相关的行业规划

序号	发布年份	名称	主要目标及内容
1	2007	农业科技发展规划（2006—2020 年)	重点突破生物节水、农艺节水和非常规水安全高效利用等节水与节约农业关键技术，创制环保型节水制剂新材料，研发多功能、智能化节水农业关键设备与重大产品
2	2015	水污染防治行动计划	将再生水、雨水和微咸水等非常规水源纳入水资源统一配置。涉及雨水、矿井水、海水及再生水
3	2016	工业绿色发展规划（2016—2020 年)	推进中水、再生水、海水等非常规水资源的开发利用，支持非常规水资源利用产业化示范工程，推动钢铁、火电等企业充分利用城市中水，支持有条件的园区、企业开展雨水集蓄利用
4	2016	全国城市生态保护与建设规划（2015—2020 年)	促进水资源的循环利用，将再生水、雨水和微咸水等非常规水源纳入水资源统一配置，提高工业用水效率，促进重点用水行业节水技术改造和居民生活节水。在确保城市排水防涝安全的前提下，最大限度地实现雨水在城市区域的积存、渗透和净化，促进雨水资源化利用。到 2020 年，城市再生水利用率不低于 20%
5	2016	"十三五"国家科技创新规划	涉及海水淡化、再生水及微咸水领域
6	2017	全国国土规划纲要（2016—2030 年)	加强雨洪水、再生水、海水淡化等非常规水源利用。加快非常规水资源利用，实施雨洪资源利用、再生水利用等工程

(1)《水污染防治行动计划》。

《水污染防治行动计划》由国务院于 2015 年 4 月 2 日正式发布。该计划第九条"提高用水效率"中提到："将再生水、雨水和微咸水等非常规水源纳入水资源统一配置。"在雨水利用方面，第十一条"推广示范适用技术"中提到："加快技术成果推广应用，重点推广饮用水净化、节水、水污染治理及循环利用、城市雨水收集利用、再生水安全回用、水生态修复、畜禽养殖污染防治等适用技术。"在矿井水利用方面，第七条"推进循环发展"中提到："推进矿井水综合利用，煤炭矿区的补充用水、周边地区生产和生态用水应优先使用矿井水，加强洗煤废水循环利用。"在再生水利用方面，第七条"推进循环发展"中提到："促进再生水利用。以缺水及水污染严重地区城市为重点，完善再生水利用设施，工业生产、城市绿化、道路清扫、车辆冲洗、建筑施工以及生态景观等用水，要优先使用再生水。推进高速公路服务区污水处理和利用。具备使用再生水条件但未充分利用的钢铁、火电、化工、制浆造纸、印染等项目，不得批准其新增取水许可。自2018年起，单体建筑面积超过2万平方米的新建公共建筑，北京市2万平方米、天津市5万平方米、河北省10万平方米以上集中新建的保障性住房，应安装建筑中水设施。积极推动其他新建住房安装建筑中水设施。到2020年，缺水城市再生水利用率达到20%以上，京津冀区域达到30%以上。"在海水利用方面，第七条"推进循环发展"中提到："推动海水利用。在沿海地区电力、化工、石化等行业，推行直接利用海水作为循环冷却等工业用水。在有条件的城市，加快推进淡化海水作为生活用水补充水源。"

（2）《"十三五"国家科技创新规划》。

《"十三五"国家科技创新规划》由国务院于2016年7月发布。该规划专栏13"资源高效循环利用技术"中提到要围绕提升国家水资源安全保障科技支撑能力，发展工业节水、综合节水和非常规水资源开发利用技术与设备。在海水利用方面，专栏17"海洋资源开发利用技术"中提到要突破低成本、高效能海水淡化系统优化设计、成套和施工各环节的核心技术；研发海水提钾、海水提溴和溴系镁系产品的高值化深加工成套技术与装备，建成专用分离材料和装备生产基地；突破环境友好型大生活用海水核心共性技术，积极推进大生活用海水示范园区建设。在微咸水方面，专栏4"现代农业技术"中提到要加强微咸水利用等基础理论及改良重大关键技术研究。在再生水方面，专栏12"生态环保技术"中提到要开展高品质再生水补充饮用水水源等研究。

1.2.3　非常规水利用实践

非常规水作为淡水资源的代替水源，已经被广泛应用于国内外的各大城市。新加坡、北京市对非常规水源的利用开始得相对较早，其非常规水利用技术较为先进，政策法规等的发展也较为健全，因此选取新加坡和北京市为代表，分析国内外非常规水利用的实践状况。

1. 新加坡

1）基本概况

新加坡位于东南亚马来半岛最南端，陆域面积约为714 km²，2013年建成区面积约 500 km²，总人口约为 538 万，人口密度约为 7540 人/km²，人均 GDP 为 54 776 美元。新加坡是一个城邦国家，无省市之分，而是以符合都市规划的方式将全国划分为五个社区（行政区），分别为中区社区、东北社区、西北社区、东南社区和西南社区，由相应的社区发展理事会（简称社理会）管理。新加坡是亚洲重要的金融、服务和航运中心之一，是继纽约、伦敦、香港之后的第四大国际金融中心。工业是新加坡经济发展的主导力量，新加坡裕廊工业区是亚洲最早成立的开发区之一。新加坡在绿化和保洁方面的效果显著，有"花园城市"的美称。新加坡年均降水量达 2400mm，远高于全球平均降水量 1050mm，但其因国土面积有限且缺少大型纵深河流，不能储存大量雨水，缺乏天然地下蓄水层。人均水资源量仅为 211 m³，排世界倒数第二位；2006 年新加坡被联合国列为缺水国。2020 年，新加坡日需水量约为 195 万 m³，自来水与污水管网已 100% 覆盖。

2）再生水利用现状

新加坡新生水的研发经历了近 30 年的时间。1972 年，新加坡制定了第一个供水总体规划，其中概述了新加坡当地水资源的战略，包括本地集水区水源，污水再生利用（新生水）和淡化海水等多方面，以确保满足未来预测的需求；1974~1998 年，新加坡致力于新生水技术的研发和成本的降低；2000 年，新加坡建成勿洛新生水示范工程；2002 年，经过数万次的测试和分析，新生水被认定为安全和可饮用的水；2003 年克兰芝、勿洛新生水厂成立，开启了新生水规模化生产和使用的新篇章。

目前，新加坡共有 4 个新生水厂，产量共计 53.1 万 t/d，占新加坡日需水量的 30%。4 个新生水厂分别为克兰芝新生水厂，2003 年建成，产水规模为 7.7 万 t/d；勿洛新生水厂，2003 年建成，产水规模为 8.2 万 t/d；乌鲁班丹新生水厂，2007 年建成，产水规模为 14.55 万 t/d；樟宜新生水厂，一期于 2010 年完工，产水规模为 22.8 万 t/d。新加坡规划继续扩大新生水供应量，2030 年和 2060 年新生水供应量拟占新加坡日需水量的 50% 和 55%。新生水在质量方面虽然可以保证安全饮用，但国民对新生水作为日常用水仍有一定的心理障碍，因此目前主要还是作为工商用途，主要用于工业（晶片制造工厂、炼油厂、发电厂、制造业工厂等）、公共设施（医院、办公楼、学校等公共设施的中央空调冷却塔用水和日常清洗）、景观（非住宅区的景观用水）、饮用水的间接供水（指将新生水按 1%~2.5% 的比例注入蓄水池，蓄水池的水经处理后供作饮用水）。

3）保障措施

（1）上位规划。

1972 年，新加坡制定了第一个供水总体规划，其中概述了新加坡当地水资源的战略，包括从本地集水区水源、污水再生利用（新生水）和淡化海水，以确保多元化和来源充足满足未来预测的需求；1981 年推出了《节水规划》。

（2）配套政策。

新加坡与再生水相关的法律制度如表 1-3 所示。新加坡在 1981 年修改了《水供应条例》，2002 年在《公共事业法规》及其附属条款中明确了用水需求管理措施。

表 1-3　新加坡与再生水相关的法律制度

名称	发布部门
水源污染管理及排水法令	新加坡政府
制造业排放污水条例	新加坡政府
污水排放条例（SDA）	公用事业局
污水排放（工商业污水）规章	公用事业局
污水排放（卫生工程）规章	公用事业局
污水排放（地表水）规章	公用事业局
环境保护与管理（工商业污水）规章	国家环境局
环境公共卫生（管道饮用水水质）规章	国家环境局

（3）水价。

根据新加坡公共事业局官网数据，2018 年 1 月新加坡进行了水价调整，调整后情况如表 1-4 所示。目前，新生水的工业用水售价为 1.58 新币/t，折合人民币约 8 元/t，低于自来水的非家庭用水水价。因此，新生水水价较自来水水价有明显的价格优势，有利于鼓励新生水的推广和使用。

表 1-4　新加坡水费结构一览表

用水类别		自来水/（美元/t）	新生水/（美元/t）
家庭用水	用水量≤40m³/月	2.74	工业 1.58，其他 2.33
	用水量>40m³/月	3.69	
非家庭用水		2.74	
特殊行业用水		3.8	

（4）体制建设。

新加坡再生水管理体制如表 1-5 所示。

表 1-5 新加坡再生水管理体制

管理部门	职能
水务署	全国水政策的制定，水项目的规划，原水、供水、用水和排水的管理
公共事业局	负责整个的水循环管理、排水措施等
国家环保局	环境卫生和污染控制、集水区开发
节水监察办公室	制定节水计划，检查高层建筑物的水箱，确保其被很好地保养，调查节水方面的违法活动及漏水的侦查工作等
污水检查小组	野外监视及阻止在集水区倾倒废物等污染水源活动

1979 年，新加坡成立了节水监察办公室。2001 年，新加坡公共事业局开始统一管理新加坡整个水循环。新加坡公共事业局是全面负责新加坡水资源管理事务的核心机构，隶属新加坡环境及水源部的法定机构。公用事业局的职能涵盖了供水及供水系统管理、污水及污水处理系统管理、雨水的收集利用、海水淡化、公共教育和宣传等多个方面。新加坡公共事业局作为水资源唯一的管理及执行机构，确保了整个水循环系统的高效管理，避免了多个部门管理存在的权责不明确、沟通协调效率低、利益冲突等问题。

2. 北京市

1）基本概况

北京市属于半湿润大陆性季风气候，多年平均降水量为 585mm，天然水资源量十分有限。人均水资源量不足 200m³，不到全国平均水平的 1/10 和世界平均水平的 1/40，属于世界上最缺水的大城市之一。根据《北京市水资源公报》（2018），2018 年北京市总供水量为 39.3 亿 m³，大于 2018 年全市的水资源总量 35.46 亿 m³，充分说明北京市水资源处于紧缺状态。面对水资源短缺问题，污水的再生与利用对北京市的可持续发展具有战略意义。

2）再生水利用现状

北京市自 20 世纪 80 年代开始小规模利用再生水，2001 年，正式出台《北京市区污水处理厂再生水回用总体规划纲要》后，北京市进入再生水大规模处理回用阶段，北京市自 2004 年开始使用再生水，并把再生水纳入全市年度水资源配置计划中。

根据《北京市水资源公报》（2017，2018），2017 年再生水供水量为 10.5 亿 m³，占总供水量的 27%；2018 年再生水供水量为 10.8 亿 m³，占总供水量的 27%；2018 年全市污水排放总量为 20.4 亿 m³，污水处理量为 19.0 亿 m³，污水处理率为 93.4%。

目前，北京市已经建成卢沟桥（10 万 m³/d）、酒仙桥（20 万 m³/d）、方庄

（4 万 m³/d）、清河（55 万 m³/d）、吴家村（8 万 m³/d）、北小河（10 万 m³/d）6 座再生水厂，升级改造小红门（60 万 m³/d）、高碑店（100 万 m³/d）两座污水处理厂，总再生水供水能力可达到 267 万 m³/d。北京已建再生管线约 783 km，再生水厂和管网供应系统基本形成，为再生水利用提供了基本保障。

当前，北京市再生水主要的回用途径有以下几个方面（图 1-1）。

（1）工业利用。

再生水在工业领域主要用于热电厂冷却用水，目前市区四大热电中心（西北热电中心、西南热电中心、东北热电中心、东南热电中心）全部使用再生水作为冷却用水，用水总量占总再生水回用水量的 50% 以上。

（2）农业灌溉。

再生水就近用于农田灌溉不仅使水资源得以循环利用，也节约了大量输水工程。用于农业灌溉的再生水的水质标准相对宽松，可适当放宽出水的氮、磷标准，这样更有利于作物生长。目前，北京市近 30% 的再生水用于北京市城郊农灌区。

（3）河道景观。

根据北京市河湖水系水体功能及水质标准，Ⅳ类、Ⅴ类水体河湖的环境用水可采用再生水补水。再生水回用可有效解决中心城约 290km 河道、374hm² 湖面及永定河环境用水问题，改善城市河湖水环境。

（4）市政杂用和园林绿化。

再生水用于市政杂用和园林绿化的比例约 4%，市政杂用包括建筑冲厕用水、道路冲刷、绿地浇洒与降尘用水、冲洗汽车用水及建筑施工降尘水等。此类用水对水质要求不高，但在使用过程中需尽量避免与人体直接或间接接触。

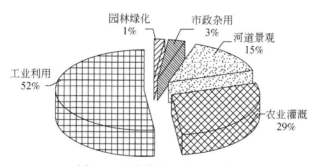

图 1-1　北京市再生水回用比例

从回用比例来看，再生水目前主要应用于工业冷却及农业灌溉，而在耗水最多的生活用水方面，再生水的利用比较有限。

3) 保障措施

（1）上位规划。

20 世纪 80 年代以来，为缓解水资源短缺问题，北京市政府高度重视污水资源化工作，2006 年新修编的《北京城市总体规划（2004—2020）》中，将再生水利用作为北京市水资源可持续发展的重要策略之一。2001 年，北京市正式出台《北京市区污水处理厂再生水回用总体规划纲要》（简称《纲要》），为污水再利用奠定了发展依据。在《纲要》的指导下陆续编制了《北京市中心城再生水利用规划》《北京通州新城建设中再生水利用规划》《昌平区小汤山再生水厂选址及配套污水、再生水管网规划》等片区规划。2019 年，北京市水务工作会议上将"全市污水处理率达到 94% 以上、再生水利用量达到 11.5 亿立方米"作为 2019 年工作的主要目标之一。

（2）配套政策。

北京市历年来与再生水相关的主要政策有 9 项，现存的有 3 项是以中水或再生水为主题的，其他相关政策法令将使用再生水促进节水工作进行的精神贯穿于其中。北京市历年来与再生水相关的政策主要包括《北京市中水设施建设管理试行办法》（2010 修订）、《北京市水资源管理条例》、《北京市城市节约用水条例》（已废止）、《关于加强中水设施建设管理的通告》、《北京市实施〈中华人民共和国水法〉办法》、《北京市节约用水办法》、《北京市排水和再生水管理办法》、《北京市节约用水办法》和《北京市河湖保护条例》。

1987 年，北京市政府颁布了《北京市中水设施建设管理试行办法》，该办法规定：建筑面积超过 2 万 m^2 的旅馆、饭店、公寓等，建筑面积超过 3 万 m^2 的机关、院校、大专院校和大型文化、体育等建筑，应按规定配套建设中水设施，该办法于 2010 年进行了修订。2001 年 6 月，北京市市政管委、规划委、建委联合发布《关于加强中水设施建设管理工作的通告》，通告在《北京市中水设施建设管理试行办法》基础上补充规定，建筑面积 5 万 m^2 以上，或可回收水量在 150m^3/d 的居住区和集中建筑区必须建设中水设施。2017 年北京市水务局发布了《北京市农村污水处理和再生水利用设施运营考核暂行办法》，对农村污水处理和再生水利用设施考核实行考核清单制度。这些条例和政策的颁布，加强了污水资源化再生利用的建设立项和管理。

（3）水价。

北京市自来水和再生水水价如表 1-6 所示。北京市再生水价格按政府最高指导价管理，价格不超过 3.5 元/m^3。与现行自来水相比，再生水具有较大的价格优势，特别是特殊行业用水。

表 1-6　北京市自来水和再生水水价

项目	自来水/(元/t)	再生水/(元/t)
居民用水	5~9	≤3.5
非居民用水	9~9.5	
特殊行业用水	160	

注：水价数据依据京发改〔2018〕115号、京发改〔2014〕885号

（4）体制建设。

2004年5月，北京市政府正式组建水务局并将其作为负责北京市水行政管理的市政府组成部门，实现了涉水政务、事务、业务的统一管理。水务统一管理克服了部门职能交叉的弊端，优化配置城区、郊区和区外水资源，提高了水资源利用的效率和效益，有利于再生水参与水资源配置，真正实现再生水的有效开发利用。《北京市排水和再生水管理办法》进一步明确了水行政主管部门在再生水开发利用中的职能和全过程管理，进一步理顺了北京市再生水开发利用机制。

3. 沙特

1）基本概况

沙特位于亚洲西南部的阿拉伯半岛。国土陆地面积为225万km²，海岸线长2448km。2017年沙特人口为3255万。除西南高原和北方地区属亚热带地中海气候外，其他地区均属热带沙漠气候。沙特地处极端沙漠环境，夏季炎热干燥，最高气温可达50℃以上；冬季气候温和。沙特降水稀少，年平均降水不超过200mm，且没有常年的河流湖泊，人均水资源量只占世界平均水平的1.2%，属于严重缺水国家。面对天然水资源的种种限制，沙特尤其重视其他非常规水源的开发利用，特别是海水淡化这一水资源的补给方式对沙特的社会经济发展起着至关重要的作用。

2）再生水利用现状

沙特海水淡化发展较早，20世纪上半叶就在吉达建设海水淡化厂，以满足当地居民用水需求；随着用水需求的增加，1969年在瓦吉哈和迪巴初建了海水淡化站，利用现代科技开发淡化水；1970年又在吉达增开了海水淡化站，进一步加大海水淡化能力；1974年宣布成立沙特海水淡化公司，自此沙特海水淡化的发展进入快车道。

目前，沙特的海水淡化位居全球之首，其海水淡化量占世界总量的30%左右，已拥有30个海水淡化厂，产能达到500万m³/d，遍及46个城市，平均每日为每位居民供应淡化水达150L。沙特境内海水淡化输水管道全长7000km，满足了60%人口的用水需求。沙特的海水淡化厂不仅向沿海城市提供淡水，还向内

陆一些人口稠密和缺乏饮用水的城市和地区提供淡化水，已形成一个遍布全国的庞大供水网。在有些地区，人们甚至还用淡化的海水发展灌溉农业，使昔日黄沙广布的不毛之地成为阡陌纵横的绿色农田。沙特也因此成为世界第一大淡化海水生产国。

沙特应用的淡化技术主要有两种：一种为减压蒸馏法，在淡化过程中，通过减压加温加快水分子的液面蒸发，将蒸发形成的高压蒸汽首先通过汽轮机发电，然后发电后的蒸汽进入冷凝器凝结成淡水；另一种为反渗透淡化技术，该技术利用反渗透原理，通过高科技手段形成的分子膜细管，通过加压直接将海水淡化成淡水。反渗透技术可以将水中金属离子、有害物质和高矿化物质一次性去除，而且工艺流程简单，分子膜细管可实行模块更换，是当前世界上较为先进的海水淡化技术。沙特40%的淡化水产自反渗透技术淡化海水。为了进一步降低成本，沙特积极探索利用太阳能和纳米技术淡化海水，该技术被美国公司采用，研究如何利用太阳能在蒸馏过程中替代成本相对高昂的油气燃料，同时，研究如何把先进的纳米渗透膜技术应用到淡水提取工艺中，使水分子更容易与其他海水成分分离。

3）保障措施

（1）上位规划。

1965年，沙特农业水利部设置特别办公室，特别办公室致力于研究在红海和波斯湾沿岸建立海水淡化站和发电站的经济效益和可行性，于1972年发展为沙特农业水利部下属的海水淡化事务局，对海水淡化厂的进行规划与管理。2012年，沙特海水淡化总署宣布计划在15年的时间里增加400万 m^3/d 的海水淡化量。2013年，沙特宣布在吉达建造世界最大的海水淡化厂，淡化能力高达60万 m^3/d。2015年，沙特海水淡化公司规划在麦加地区和东部省新建海水淡化量为250万 m^3/d 的项目，该项目能满足相关地区所有用水需求。

（2）配套政策。

沙特非常重视水资源的法制管理，对水资源的管理建立了非常健全的法规，并由各个部门分管，禁止私人和公司对水资源的胡乱开采。特别是地下水的管理更有严格的监控措施，同时为了沙漠地下水资源的战略储备，严禁开采深层地下水。此外，沙特对工业污水的排放也设定了一系列的严格要求，限制了工业污水排放对水环境的污染和破坏。由于沙特对海水淡化的依赖性较大，相关部门也制定了沿海水质标准，包括：不能危害公众健康；不损害视觉上的效果和美观；不能对红海及波斯湾附近水域造成负面影响；保护海洋生物及水域的景观；符合海水冷却的标准；不能影响海水淡化厂的生产。

（3）水价。

沙特饮用水价格结构如表1-7所示。沙特饮用水价格选用的是四个区段累进加价收费制度，遵循的准则是随着用水量增大费用单价也增加的累进制原则。

表1-7　沙特饮用水价格结构

用水量/(t/月)	1～100	101～200	201～300	>300
水费/(里亚尔/t)	0.3	1	2	4

（4）体制建设。

沙特再生水管理体制如表1-8所示。

表1-8　沙特再生水管理体制

管理部门	职能
农业水利部	负责水生产，满足水量和水质的需求
水和污水管理局	负责分配城镇饮用水，收集和处理污水
沙特水电部门	污水处理及循环水利用法规的颁布、实施及过程管理
沙特水文部门	对污水从排放到中心处理设施或承受水域的过程进行监督，制定排放标准等
沙特标准局	饮用水标准监督及管理

1.3　非常规水利用研究目标、内容及技术路线

1.3.1　研究目标

本书的总体目标是调研分析缺水地区非常规水源的种类和利用潜力，考虑经济技术等因素，提出适合不同类型缺水地区的非常规水利用方案，为提升缺水地区的水资源承载能力、保障区域水安全提供科技支撑。中国水资源时空分布不均，水资源开发利用方式差异巨大，造成缺水的原因既有资源性缺水，又有工程性缺水和水质性缺水，不同类型缺水地区的非常规水源的种类和利用模式差异较大。本书选择工程性和水质性缺水的厦门市、资源性缺水的山西省及能源和水资源匮乏的马尔代夫为典型缺水地区，进行调研分析，并制定了相应的非常规水利用方案。

1.3.2　研究内容

围绕研究目标，研究内容主要包括以下五个方面。

1. 缺水地区非常规水利用模式研究

随着国民经济和工农业生产的迅速发展，各地需水量急剧增加，水资源供需矛盾日益尖锐，尤其是在缺水地区，淡水资源已成为制约当地经济发展的一个重要因素，而开发利用非常规水源已成为缺水地区解决水资源短缺问题的重要途径之一。因此，对缺水地区非常规水源开发利用模式的研究非常必要，研究主要包括：①分析缺水地区水资源短缺的原因，根据不同缺水原因（资源性缺水、工程性缺水、水质性缺水）对缺水地区进行分类；②分析不同类型缺水地区的非常规水源，主要包括雨水、矿井水、再生水、海水及微咸水等；③从非常规水的来源、处理方式及主要利用途径等方面分析不同类型缺水地区非常规水利用模式，构建不同类型缺水地区非常规水源的利用模式；④对再生水、矿井水及城市雨水等非常规水源的利用技术进行分析，探索不同类型非常规水源的利用模式。

2. 工程性/水质性缺水地区（厦门市）的非常规水利用方案

厦门市位于我国东南沿海地区，境内河流源短流急，受风暴潮等极端降水天气等因素影响，工程调控难度较大；加之工农业和城镇化的快速发展，河流水质污染严重，属于典型的工程性/水质性缺水城市。本书以厦门市为例对工程性/水质性缺水地区非常规水利用方案开展研究，研究内容主要包括：①分析厦门市的概况，包括社会经济状况、水资源及其开发利用状况、污水排放与处理现状、再生水开发利用现状；②分析厦门市非常规水源的类型，并对不同区域非常规水源的开发潜力进行预测；③根据非常规水源的利用模式，设计厦门市非常规水利用方案，并分析方案实施对原有污水系统及环境（城市河湖及海洋环境）的影响；④从政策法规、建设投资机制及运营机制等方面分析非常规水利用方案实施的政策机制保障。

3. 资源性缺水地区（山西省）的非常规水利用方案

山西省地处我国内陆腹地，多年平均降水量为534mm，其中晋北地区年降水量不足400mm，是典型的资源性缺水地区。山西省又是我国煤矿分布集中的地区，煤炭开采消耗大量的水资源，进一步加剧了山西省的缺水形势。"山西之长在于煤，山西之短在于水"，水资源成为制约山西经济社会发展和生态环境修复的瓶颈。本书以山西省为例对资源性缺水地区非常规水利用开展研究，研究内容主要包括：①从社会经济状况、水资源开发利用状况、非常规水利用现状及非常规水利用存在的问题四个方面分析山西省的社会经济及水资源状况；②分析山西省不同类型非常规水源的利用潜力；③确定不同类型非常规水源的利用方案；④从水资源利用、城市防洪及生态环境等方面对山西省非常规水利用方案实施的效果进行分析。

4. 能源和水资源匮乏的海岛地区（马尔代夫）的非常规水利用方案

海岛是世界经济社会发展和人文交流的重要节点，也是海洋经济的关键支撑，但海岛经济社会发展通常受能源和水资源的双重制约。随着海岛地区的深入开发和海洋经济的发展，系统地解决海岛地区的能源和水资源缺乏问题日益紧迫和必要。可再生能源驱动的非常规水利用系统，是未来海岛地区能源与水资源系统耦合建设的主要方向，研究内容主要包括：①总结现行海岛能源和水资源主要供给模式，归纳其各自的优缺点；②对海岛能源系统与水资源系统进行初步耦合分析，基于可再生能源和非常规水源特征，提出海岛能源及水资源供给方案；③解析海岛从能源/淡水系统的"全输入型"到"半输入型"再到"零输入型"的演进路线图，分析各个阶段的特点，探讨海岛可再生能源与水资源的匹配性；④以马尔代夫为例，构建可再生能源驱动的能源/淡水零输入型海岛系统的基本框架，分析其可能存在的问题。

5. 促进缺水地区非常规水利用的政策建议

在上述非常规水利用模式及不同类型缺水地区非常规水利用案例分析的基础上，从水资源配置、法律法规、科学技术、激励政策、政府协调及宣传教育等角度对促进缺水地区非常规水利用提出一些建议，如确立非常规水利用在水资源配置中的地位、加快建立非常规水利用法律法规和标准体系，以及提升非常规水利用技术水平等。

1.3.3　技术路线

根据研究任务及目标要求，本书研究分为 4 个步骤：①全面开展文献查阅和信息搜集，掌握国内外非常规水利用相关研究进展，了解非常规水利用的政策及应用实践；②根据缺水原因对缺水地区进行分类，结合不同类型缺水地区的非常规水源类型，构建不同类型缺水地区非常规水利用模式，为制定非常规水利用方案构建理论框架；③在非常规水利用模式理论框架的基础上，以厦门市、山西省、马尔代夫为例，为工程性/水质性缺水地区、资源性缺水地区，以及能源和水资源匮乏的海岛地区提供非常规水利用方案；④结合理论框架与案例分析，为促进缺水地区非常水利用提供政策建议。

本书技术路线如图 1-2 所示。

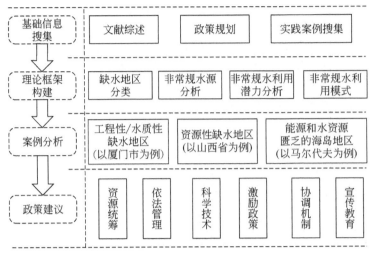

图 1-2　技术路线图

|第 2 章| 缺水地区非常规水利用模式

2.1 缺水地区分类

水资源是人类社会赖以生存和发展的自然资源和环境资源，然而水资源问题已成为 21 世纪全球资源环境的首要问题，据联合国提交的《2018 年世界水资源开发报告》显示，到 2050 年，全球将有 50 多亿人面临缺水问题。众所周知，我国水资源情势不容乐观，淡水资源总量约为 28 000 亿 m^3，居世界第 6 位，而人均占有量约为 2200m^3，仅占世界平均水平的 1/4，是全球 13 个贫水国家之一。加之我国水资源时空分布不均，不同地区的水资源开发利用方式不同，水资源利用效率不同，致使各地区的缺水程度存在巨大差异。依据缺水的原因，可将缺水地区的缺水类型大致分为资源性缺水、工程性缺水及水质性缺水三种类型。此外，除单一因素形成的缺水外，还有各种因素综合作用形成的综合性缺水。

2.1.1 资源性缺水地区

资源性缺水是指区域水资源分布不均或水资源总量少，不能适应经济发展的需要，形成供水紧缺的状况。全球许多国家和地区存在资源性缺水现象，如北非地区、中东地区、撒哈拉以南非洲地区、美国西南部、墨西哥西北部、巴西东端等。在我国，水资源量的分布状况是东多西少、南多北少，总体上由东南向西北递减。基于前人的研究成果，对我国资源性缺水地区进行归纳总结。

我国的 15 个省（自治区、直辖市）存在不同程度的资源性缺水问题，资源性缺水地区主要分布于长江以北，分别是位于西北地区的新疆维吾尔自治区、甘肃省、陕西省、宁夏回族自治区，华北地区的北京市、天津市、河北省、山西省、内蒙古自治区，东北地区的黑龙江省、辽宁省，华中地区的河南省，华东地区的上海市、江苏省、山东省。在天然条件下，西北、华北地区降水量较少，水资源可利用总量紧缺，属于典型的资源性缺水地区。虽然上海市、江苏省等地降水量较为充沛，但其经济社会的发展及人类生活对水资源的需求量日益增长，需水量超过了当地水资源的实际承受能力,因而也属于资源性缺水地区。

2.1.2 工程性缺水地区

工程性缺水,是指区域由于特殊地理和地质环境,水利工程设施缺乏或开发滞后,供水不能满足需水要求的状况。在我国,一些地区受大陆性季风气候的影响,即使水资源量较为充沛,但因缺乏水利调蓄设施,水资源时空调配失衡,也会存在工程性缺水现象。此外,随着我国社会经济的高速发展,人口数量的急剧膨胀,社会需水量不断增加,虽然部分地区的供水设施正在逐步完善,供水能力也在不断增强,但仍然远远滞后于需水量的增加速率。

我国工程性缺水地区分布于长江流域、珠江流域、松花江流域、西南山区和丘陵区及沿海地区,共计16个省(自治区、直辖市)。其中,西南地区四川省、云南省、重庆市、贵州省、广西壮族自治区工程性缺水问题最为严重,如2010年西南地区遭受百年一遇的特大旱灾,暴露了西南地区水利工程设施仍然薄弱的问题。此外,东北三省(黑龙江省、吉林省、辽宁省)、湖北省、浙江省、安徽省等地的部分地区也存在不同程度的工程性缺水问题。

2.1.3 水质性缺水地区

水质性缺水,是指区域由于水体受到污染,水质恶化,供水水质低于工业、生活等用水标准,可利用水资源量减少的现象。水质性缺水主要是城市社会经济的高度发展,工业废水、生活污水、农业灌溉污水的大量排放,天然水体的纳污容量远远小于废污水的排放量,造成水源地水质恶化,供水水质劣于Ⅲ类而不能被人使用。在我国,水质性缺水地区大多分布于工农业化程度高、经济发达、人口密集的大中型城市。

全国有17个省(自治区、直辖市)存在水质性缺水问题,主要分布于长江三角洲、珠江三角洲、淮河流域、海河流域、辽河流域及重庆市等地。长江三角洲及珠江三角洲地区,尽管水资源量较为充沛,但由于河道水体污染、海水倒灌,冬季及春季枯水期受咸潮影响,可利用的水资源量严重紧缺。淮河流域、海河流域、辽河流域由于河流污染严重,几乎整个水系都无Ⅲ类以上的水体,存在严重的水质性缺水问题。重庆市位于长江和嘉陵江的交汇处,水资源量虽然十分富裕,但由于经过重庆的河流遭到严重污染,其可资利用的水资源量也严重不足。

2.1.4　综合性缺水地区

综合性缺水，是指区域受多种因素的综合作用而造成缺水的状况。综合性缺水地区是水资源量不足、水质恶化、供水工程滞后或管理不当等多种因素综合作用造成的结果，仅靠单一措施无法解决综合性缺水地区水资源短缺的问题。将我国各省（自治区、直辖市）缺水类型进行整理汇总，结果如表 2-1 所示。

表 2-1　我国各省（自治区、直辖市）缺水类型

省（自治区、直辖市）	缺水类型		
	资源性缺水	工程性缺水	水质性缺水
北京市	√	—	√
天津市	√	—	√
河北省	√	—	√
河南省	√	—	√
黑龙江省	√	√	—
吉林省	—	√	√
辽宁省	√	√	√
内蒙古自治区	√	—	√
山东省	√	—	√
山西省	√	—	√
陕西省	√	√	—
新疆维吾尔自治区	√	—	—
西藏自治区	—	—	—
青海省	—	√	—
宁夏回族自治区	√	—	—
上海市	√	—	√
江苏省	√	—	√
安徽省	—	√	√
浙江省	—	√	√
江西省	—	√	—

续表

省（自治区、直辖市）	缺水类型		
	资源性缺水	工程性缺水	水质性缺水
湖北省	—	√	√
湖南省	—	√	—
重庆市	—	√	√
海南省	—	√	—
福建省	—	—	√
四川省	—	√	—
云南省	—	√	—
贵州省	—	√	—
广西壮族自治区	—	√	—
广东省	—	—	√
甘肃省	√	—	—

注：不含港、澳、台数据，后同

表2-1显示，受资源性缺水和水质性缺水共同作用的地区最多，包括北京市、天津市、河北省、内蒙古自治区、上海市、江苏省、河南省、山东省及山西省，共计9个地区。受工程性缺水和水质性缺水复合影响的地区有吉林省、安徽省、浙江省、湖北省及重庆市5个地区。受资源性缺水和工程性缺水综合影响的地区为黑龙江省和陕西省。辽宁省则受资源性缺水、工程性缺水、水质性缺水三种因素的综合作用。而上述三种因素在西藏地区均无体现。余下的13个地区则在不同程度上受单一因素的影响而造成缺水，如新疆维吾尔自治区、青海省、宁夏回族自治区、贵州省、海南省等。

综合性缺水地区大多位于城市化水平高、人口密集、较为发达的地区，如北京市、天津市、河北省、上海市、重庆市、浙江省、山东省等，这些地区缺水的主要原因除可以利用的水资源总量较少之外，水资源利用率较低也是一项重要因素。此外，工农业的高速发展，废污水的大量排放，河流水系遭到严重污染，导致资源性缺水、工程性缺水及水质性缺水之间的彼此叠加，使这些地区的缺水问题雪上加霜。

2.2　不同类型缺水地区非常规水源分析

根据《水资源术语》（GB/T 30943—2014），非常规水源是指经处理后可加以利用或在一定条件下可直接利用的废污水、矿井水及难以利用的雨洪水等。开发利用非常规水源是我国解决水资源短缺问题的重要举措，其不仅可以增加水资源总量，缓解当地水资源短缺压力，还可以提高水资源利用效率和效益，改善生态环境。非常规水源的开发利用方式主要有雨水利用、海水淡化、海水直接利用、污水再生利用、矿井水利用、人工增雨、微咸水利用等。各种非常规水源在开发利用时都具有不同的优势和特点，本书主要分析再生水利用、矿井水利用及雨水利用，不对其他非常规水源做详细阐述。

2.2.1　资源性缺水地区非常规水源分析

如表 2-1 所示，资源性缺水地区大多位于降水量较少的西北、华北地区，这些地区天然来水量较少，可以利用的水资源量严重不足，为适应经济社会的发展，只能加大对已有水资源的利用，使有限的水资源发挥无限的作用。资源性缺水地区的非常规水源主要包括再生水、矿井水及雨洪水。

1. 再生水

再生水是指城市污水或生产生活用水经处理后，达到一定的水质标准，满足某种使用要求，可以进行有益使用的水。据有关资料统计，城市供水的 80% 转化为污水，经收集处理后，其中 70% 的再生水可以再次循环使用，这意味着通过污水回用，可以在现有供水量不变的情况下，使城市的可用水量增加 50% 以上。因此，世界各国高度重视再生水的循环使用，在美国、日本、以色列等国，再生水已得到广泛使用，已被国际社会公认为"第二水源"。而我国早在 20 世纪 50 年代就开始采用污水灌溉，但真正将污水深度处理后回用则是 20 世纪 80 年代后才发展起来。

我国资源性缺水地区水资源总量较少，加上全球气候变化和城市化快速发展，水资源危机进一步加剧。这些地区大多处于大陆性季风气候区，水资源补给以降水补给为主，具有明显的年内年际不均匀性和波动性，在枯水季节河道来水减少，经济生活用水反增，导致大多数河道缺水甚至干涸，通过开发利用再生水可以将有限的水资源进行循环使用，有效解决资源性缺水地区水资源短缺的态势。

随着我国再生水利用技术的普及，再生水利用率这项指标逐渐得到政府及有关部门的重视。再生水利用率是指再生水利用量与污水处理量的比值，其在一定程度上可以反映地区污水的实际利用水平。以 2016 年为例，我国各资源性缺水地区的再生水利用量及再生水利用率如图 2-1 所示，数据来源于住房和城乡建设部《中国城市统计年鉴—2017》。

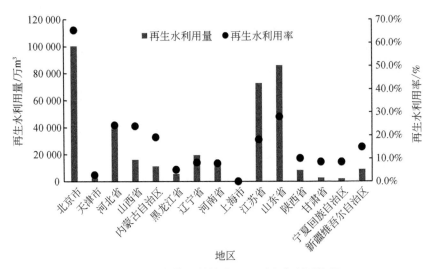

图 2-1　2016 年资源性缺水地区再生水利用情况

2016 年全国再生水利用数据显示，全国再生水利用率仅有 10.087%，可见再生水在我国的利用率较低，而且图 2-1 显示，我国各资源性缺水地区的再生水利用情况也参差不齐。在资源性缺水地区中，北京市再生水利用量和再生水利用率最高，分别为 10.04 亿 m³ 和 65.4%，可见北京市已成为全国再生水利用最先进的地区。山东省再生水利用量和再生水利用率次之，分别为 8.58 亿 m³ 和 27.9%。江苏省再生水利用量虽处第三位，但其再生水利用率与河北省、山西省等地相比较低。其他地区，如河北省、山西省、内蒙古自治区等，再生水利用的整体水平普遍较低；资源性缺水地区天然降水补给最少的西北内陆，如陕西省、甘肃省、宁夏回族自治区等，再生水利用率仅有 10% 左右，特别地甘肃省、宁夏回族自治区分别只有 8.5%，上海市再生水利用量几乎为 0，可见再生水利用在我国资源性缺水地区具有很大的潜力。

2. 矿井水

矿井水是矿井开采过程中产生的地下涌水。矿井水在开采过程中会受粉尘和岩尘的污染，是煤矿、铁矿、铝土矿等矿山具有行业特点的废水，这部分废水经过处理后，可作为生产、生活和生态用水。对矿井水进行处理并加以利用，不但可以防止水资源流失，避免对水环境造成污染，还可以解决因水大而不能开采矿产资源的问题，对于解决供水不足、改善生态环境、最大限度地满足生产和生活用水需求具有重要意义。

矿井水主要有四个来源，分别为大气降水、地表水、地下水及老窑积水。

（1）大气降水。大气降水是地下水的主要补给来源。因此，矿床的矿井补水条件都直接或间接受大气降水影响。大量开采矿产，使井下采空面积逐渐增大，矿山力场发生变化，岩层产生裂缝或塌陷，有的降水通过裂缝直接进入矿井，而有的降水则通过便于入渗的裂隙或土壤等补给矿床含水层。

（2）地表水。由于采矿严重地破坏了原始构造，产生新裂隙与裂缝等次生构造，当矿区有河流、水库、水池、积水洼地等地表水体时，地表水就会通过采矿产生的裂隙、矿道等直接补给矿井，或者沿河床沉积层、构造破碎带或有利于水体入渗的岩层层面补给浅层地下水，再补给矿产地层中的含水层（程普云等，2001）。

（3）地下水。地下水一般是矿井水的直接补给来源，主要指浅层地下水，一般为矿层顶板和底板含水层中的水。当开采矿产时，矿井被揭露或者矿道通过含水层时，矿层含水层中的水就会涌向矿道，成为矿井的主要充水来源。

（4）老窑积水。我国采矿历史悠久，大多数矿区分布着许多老窑，这些废弃的窑洞在丰水季节大量积水，类似于小型水库，一旦与矿道连通，短时间内会有大量水涌入矿井，其危害性巨大，而且这种水具有一定的酸性腐蚀性，对采矿设备具有一定的破坏性。

我国 15 个资源性缺水地区中有 12 个矿产基地，分别为东北地区的黑龙江省、辽宁省，华北地区的山西省、河北省、内蒙古自治区，华东地区的江苏省、山东省，西北地区的新疆维吾尔自治区、甘肃省、陕西省、宁夏回族自治区，华中地区的河南省。据资料显示，矿井水利用主要集中在山西省、山东省、内蒙古自治区，可以看出矿井水是我国资源性缺水地区重要的非常规水源之一。据相关数据统计（杨方亮，2018），全国主要煤炭矿区的矿井水综合利用率大多在 80% 左右，2017 年，全国矿井水综合利用量 38.5 亿 m^3，利用率达 72%。我国矿井水综合利用情况如图 2-2 所示。

由图 2-2 可以看出，虽然矿井水涌水量及利用量呈现在 2014 年之前逐年增加，在 2014 年之后逐年减少的态势，但矿井水利用率逐年增高，说明矿产产业经过长时间的发展，矿井水的综合利用规模显著扩大，水处理工艺和技术不断完善，在一定程度上有效地缓解了矿区水资源短缺问题，改善了矿区的生态环境。

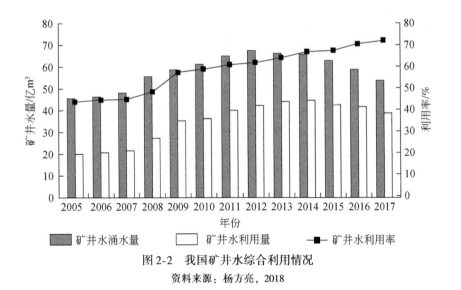

图 2-2 我国矿井水综合利用情况

资料来源：杨方亮，2018

3. 雨洪水

通常意义上，非常规水源中的雨洪水资源利用主要指的是城市雨洪的资源化利用，相较于农村地区来说，城市硬化地面面积大，不透水面积较大，相应的城市产流系数高，产流量较大，更易于进行储存利用，其利用潜力更大。

城市雨洪水资源利用是通过规划和设计，利用有效的工程措施，将雨水蓄积起来并作为一种可用水源的过程。国外雨洪水利用技术发展较快，特别是发达国家，如美国、日本、德国、荷兰等，城市化进程发展较快的国家早在 20 世纪 60 年代就已经开展了大量雨水利用工程，目前已经制定了较为完善的雨水利用法规和技术规范并取得良好的效益。此外，加拿大、印度、意大利、法国、土耳其、泰国、苏丹等多个国家和地区也已展开了不同规模的城市雨水利用和管理，从不同程度上实现了雨水的利用。我国城市雨洪水资源利用研究起步较晚，随着海绵城市理念的提出，截至目前虽然已取得较大进展，但与发达国家相比仍属落后，如北京市、天津市、大连市、青岛市等典型缺水城市对雨洪水资源利用的研究也只是停留在探索阶段，还没有形成一套完整的城市雨水利用系统。

雨洪水资源利用的方式如图 2-3 所示，包括：①直接利用，即利用雨水收集设施，如建筑屋顶、城市广场、公园草坪与庭院、城市道路等，将雨水收集之后作为中水杂用水源，如浇灌绿化等，或者经过处理净化用于社会生产和市民生活，有效缓解城市用水紧张；②间接利用，即通过一系列透水渗水措施，如渗水管沟、渗水井等，来引导雨水实现深层下渗，补充地下水的短缺；③综合利用，即两者同时进行，双管齐下，用于城市生活小区水系统的合理设计及其生态环境的改善。

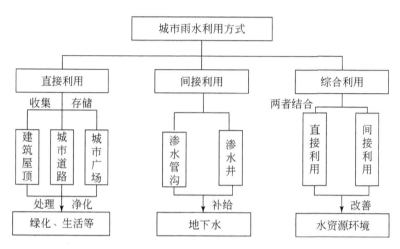

图 2-3 雨洪水资源利用方式

降水是水资源的主要补给来源，受大陆性季风气候影响，我国资源性缺水地区年降水量的 70%~80% 集中在汛期，当雨季来临时，高硬化率的城市由于无法在短时间内将雨水排放，而出现大面积淹水现象，造成严重的经济损失、财产流失及人身伤亡等。传统的城市排水方式多为直接排放，使资源性缺水城市大量雨水没有得到充分的利用而白白流失。此外，大量的雨水外排会产生径流污染，严重危害城市水环境。

因此，在我国资源性缺水地区对城市雨水进行资源化利用能够缓解城市水资源短缺的形势，有效地节约常规水资源；利用各种人工或自然水体、池塘、湿地或者低洼地对雨水实施调蓄、净化和利用，可以减少面源污染物的排放，改善、美化城市水环境和生态环境；通过人工或自然渗透设施使雨水入渗地下，可以补充地下水，涵养地下水资源。对城市雨水进行调蓄和入渗后，径流量在很大程度上被削减，从而减轻了城市防洪系统的压力，在一定程度上也能缓解城市暴雨带来的灾害。

以 2013 年为例，分析我国资源性缺水地区雨洪水的利用情况，各资源性缺水地区的雨洪水利用情况如图 2-4 所示，数据来源于 2013 年度《水资源管理年报》。

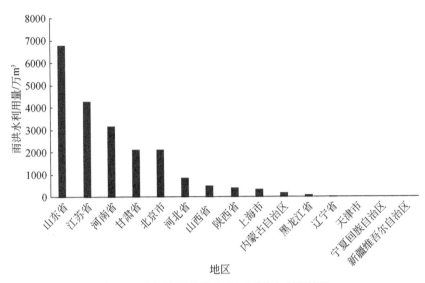

图 2-4　我国资源性缺水地区雨洪水利用情况

由图 2-4 可以看出，在我国资源性缺水地区，山东省的雨洪利用量最多，位于第一位；江苏省及河南省次之；甘肃省、北京市的雨洪水利用量相差不大，河北省、山西省、陕西省、上海市、内蒙古自治区及黑龙江省的雨洪水利用量较少，而辽宁省、天津市、宁夏回族自治区、新疆维吾尔自治区雨洪水的利用量为 0，原因可能是天然降水量较少，可以利用的雨洪水较少。

2.2.2　工程性缺水地区非常规水源分析

工程性缺水地区大多位于我国西南及东南地区，这些地区雨量充足、水资源较为充沛，造成严重缺水的主要原因是这些地区缺乏雨水存储工程或者设施较为落后，降水无法存储利用，不能满足社会的需水量。因此，工程性缺水地区的非常规水源主要是雨洪水的资源化利用，如修建水库对汛期雨水进行存储，在枯水季节排放利用。此外，非常规水源还包括一部分再生水，而矿井水利用相对较少，主要原因是这些地区矿产资源与资源性缺水地区相比较为匮乏。

1. 雨洪水

以 2013 年为例，我国工程性缺水地区的雨洪水利用情况如图 2-5 所示，数据来源于 2013 年度《水资源管理年报》。

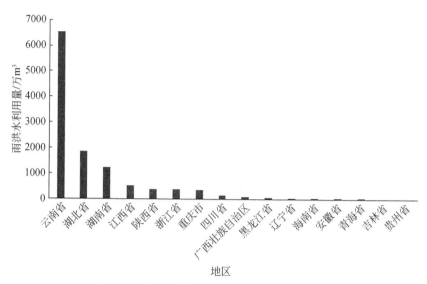

图 2-5 我国工程性缺水地区雨洪水利用情况

由图 2-5 可以看出，在工程性缺水地区，云南省对于雨洪水的资源化利用量最大，这主要是由于云南省位于山区，大大小小的调蓄水库较多，当汛期来临时可以较好地对雨水进行储蓄，在枯水期时加以泄洪利用，缓解下游对水的需求量；湖北省的雨洪水利用量居第二位，说明三峡水库对于雨洪水的调蓄利用发挥了巨大作用；湖南省、江西省、陕西省、浙江省、重庆市的雨洪水利用量较少；四川省、广西壮族自治区、黑龙江省、辽宁省、海南省、安徽省、青海省的雨洪水利用量很少，吉林省及贵州省的雨洪水利用量为 0。

整体上，工程性缺水地区的雨洪水利用量差别较大，应加强利用量较少地区的调蓄设施、供水设施建设，综合利用工程措施和非工程措施，来提高对雨洪水的利用效率，实现有限水资源的高效利用，从而缓解工程性缺水地区的水资源短缺问题。

2. 再生水

以 2016 年为例，对我国工程性缺水地区再生水的利用情况进行分析，各工程性缺水地区的再生水利用量及再生水利用率情况如图 2-6 所示，数据来源于《中国城市统计年鉴—2017》。

由图 2-6 可以看出，从利用规模上来看，整体上所有地区再生水利用量普遍较低，其中辽宁省再生水利用量最多，也仅有 19 400 万 m^3，剩下其他地区按再生水利用量从多到少排列，依次为湖北省、四川省、浙江省、陕西省、黑龙江

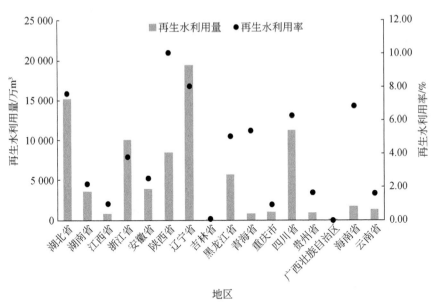

图 2-6　2016 年工程性缺水地区再生水利用情况

省、安徽省、湖南省、海南省、云南省、重庆市、江西省、贵州省、青海省、吉林省以及广西壮族自治区，吉林省和广西壮族自治区再生水利用量几乎为 0。

　　从再生水利用率上来看，工程性缺水地区再生水利用率同样普遍较低，最高的地区也仅有 10% 左右，再生水利用率处于前三位的是陕西省、辽宁省和湖北省，再生水利用率分别为 10.10%、8.09%、7.64%。湖南省、江西省、安徽省、吉林省、重庆市、贵州省、广西壮族自治区、云南省再生水利用率不足 3%，更甚者吉林省、重庆市不足 1%，广西壮族自治区为 0。

　　总体上来看，虽然我国再生水利用技术发展迅速，再生水利用率逐年增加，再生水已成为我国非常规水源的重要组成部分，但依然存在区域发展极不均衡的问题，如 2016 年北京市再生水利用率已经达到 65.4%，而我国工程性缺水地区再生水利用率极低，可见再生水目前还不是工程性缺水地区主要的水源，再生水利用在工程性缺水地区存在很大的进步空间，在解决水资源短缺问题方面具有很大的潜力。

2.2.3　水质性缺水地区非常规水源分析

　　水质性缺水地区水资源短缺的主要原因是水质恶化导致水源标准无法满足生产、生活需要。而且河流水量的减少降低了河流稀释自净能力，当未经处理的工业废水和生活污水排放到城市河湖时,河湖水体受到污染且因自净能力下降,河流水质变差,污染加重,水生态系统严重失衡,湿地消失、湖泊萎缩、河流断流。为了保障河流水质,再生水利用是减少污染负荷的最好的方法之一。其优点是减少排污,增加水的供给,减少河道取水,提升河流纳污能力。因此,水质性缺水地区的非常规水源应有再生水,此外雨洪水也是这些地区的非常规水源之一。

1. 再生水

以 2016 年为例,分析我国水质性缺水地区的再生水利用情况,各水质性缺水地区的再生水利用量及再生水利用率情况如图 2-7 所示,数据来源于住房和城乡建设部《2016 年城市统计年鉴》。

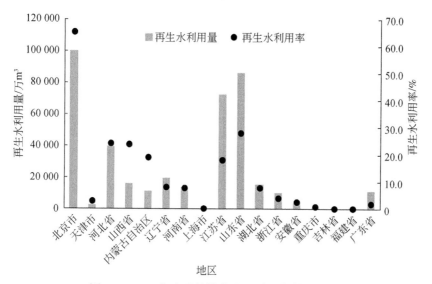

图 2-7　2016 年水质性缺水地区再生水利用情况

由图 2-7 可以发现,从利用规模上来看,2016 年北京市、山东省、江苏省位于再生水利用量前三位,再生水利用量分别为 100 400 万 m^3、85 800 万 m^3、72 800 万 m^3,而在天津市、安徽省、重庆市、吉林省、福建省地区再生水利用量几乎为 0,上海市没有对再生水进行开发利用。

从再生水利用率来看,图 2-7 显示,北京市 65.4% 的再生水利用率在资源性缺水地区已位居第一位,而且远高于工程性缺水地区的再生水利用率,可见再生水利用技术在北京市得到了较好的发展。山东省、河北省、山西省的再生水利用率介于 20%~30%,江苏省和内蒙古自治区再生水利用率分别为 18.0% 及

19.1%，而其他地区的再生水利用率不足10%，重庆市、吉林省、福建省、广东省的再生水利用率几乎为0，上海市的再生水利用率为0。

整体上看，我国水质性缺水地区的再生水利用情况参差不齐，北京市处于领先位置，山东省、江苏省虽再生水利用量较多，但再生水利用率较低，应在这两个地区加快发展再生水利用技术，提高再生水转化水平，使污水更有效地转化为可用水源。其他地区在污水处理量及污水再生技术方面均需提高，特别是天津市、上海市、安徽省、重庆市、吉林省、安徽省、福建省、广东省。只有这样才可以充分利用有限的水资源，解决水质性缺水地区水资源短缺问题，改善区域水环境现状，使水生态向对人类更有用的方向发展。

2. 雨洪水

以2013年为例，分析我国水质性缺水地区雨洪水的利用情况，各水质性缺水地区的雨洪水的利用情况如图2-8所示，数据来源于2013年度《水资源管理年报》。

由图2-8可以看出，在水质性缺水地区中，山东省雨洪水利用量最多，超6800万m³，其次是江苏省及河南省，而其他地区的雨洪水利用量相对较少，特别是山西省、浙江省、重庆市、上海市、内蒙古自治区、辽宁省、安徽省、吉林省及天津市。

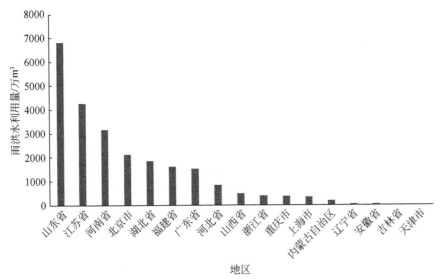

图2-8 我国水质性缺水地区雨洪水利用情况

2.3 不同类型缺水地区非常规水利用模式

2.3.1 资源性缺水地区非常规水利用模式

1. 再生水利用模式

根据工程规模和服务对象的不同，城市再生水系统通常可以分为两种模式，即集中再生、集中供水的集中利用模式和分散处理、就地回用的分散利用模式。在城市和人口密集的地区，主要采用集中利用模式，以增加水量为目的，主要解决资源性缺水问题。当集中收集系统难以实施或者有特定需求时才会选择分散利用模式。

再生水集中利用模式，是指利用城市排水管网系统，将城市污水集中到城市污水厂进行处理再利用，再生水主要用于市政杂用、绿地浇洒、居民冲厕、景观河湖补水等。美国、欧洲各国的城市集中式污水处理系统发展较为成熟，主要致力于研究城市污水处理厂出水经深度处理后回用于工业、农业等。我国再生水集中利用模式如图 2-9 所示。

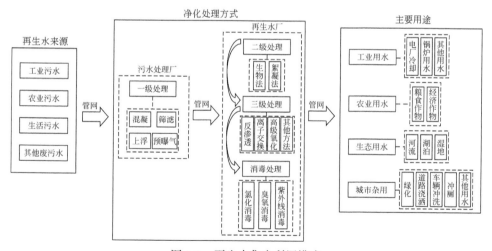

图 2-9 再生水集中利用模式

如图 2-9 所示，再生水集中利用模式主要包括三部分内容，分别是再生水来源、净化处理方式及主要用途。

再生水集中处理系统收集的水源主要包括工业污水、农业污水、生活污水及其他废污水，污水通过集水管网运送至处理系统。

再生水净化处理方式需要经过污水处理厂及再生水厂，有时两者为同一污水厂或再生水厂。集中收集的污水需要经过一级处理、二级处理、三级处理及消毒处理。

一级处理指去除污水中的漂浮物和悬浮物，同时调节污水 pH，减轻污水的腐化程度和后续处理工艺的净化过程，一级处理主要包括混凝、筛滤、上浮、预曝气等。

二级处理指污水经一级处理后，用生物处理方法继续除去污水中胶体和溶解性有机物的净化过程，二级处理主要包括生物法和絮凝法。

三级处理指污水经过二级处理后仍含有极细微的悬浮物、磷、氮和难以生物降解的有机物、矿物质、病原体等，需进一步净化处理，三级处理包括反渗透、离子交换等方法。

在利用再生水之前，还需进行消毒处理，消毒处理主要包括氯化消毒、臭氧消毒、紫外线消毒等。

污水经各种方法处理达到水质标准后，进行回用。再生水主要用途包括工业用水、农业用水、生态用水和城市杂用。

（1）工业用水。城市集中式污水处理系统处理后的再生水在满足工业用水标准的基础上，用于电厂冷却、锅炉用水等。目前，城市污水处理厂再生水用于工业企业生产的以火电行业为主，主要用于火电生产企业循环冷却水。

（2）农业用水。城市集中式污水处理后的再生水在满足农业用水标准之后可用于粮食作物及经济作物的生产。

（3）生态用水。将集中式污水处理设施处理达标的再生水排入城市河道、季节性河流、湖泊、湿地。生态利用是目前城市集中式污水处理厂再生水利用的主要途径。

（4）城市杂用。用于城市杂用的再生水的用途主要有绿化、道路浇洒、冲厕、车辆冲洗等。绿化、道路浇洒、建筑施工用水应优先或强制使用再生水；再生水管网布置区域结合建筑条件可使用再生水代替冲厕用水，洗车场可采用再生水作为洗车用水。

资源性缺水地区的污水处理厂或再生水厂应完善再生水回用设施，提高再生水回用比例，规划城市污水处理厂时，应配套建设再生水回用设施。根据 2000年颁布的《城市污水再生利用技术政策》，再生水回用应遵循统一规划、分期实施，集中利用为主、分散利用为辅，优水优用、分质供水，注重实效、就近利用等原则，在工业、农业、城市绿化、市政环卫、生态景观等行业以及公共建筑生活杂用水等领域扩大使用再生水，从而有效缓解资源性缺水问题。

2. 矿井水利用模式

矿井水是伴随矿产开采产生的地下涌水，它本身是一种可以利用的地下水资源。与生活污水、工业污水、农业污水相比，大多数矿井水处理较易。矿井水实现资源化利用后，不仅可大大减轻矿区地下水资源过度开采造成的环境资源破坏，还可缓解地区水资源短缺问题。

矿井水利用模式如图 2-10 所示。

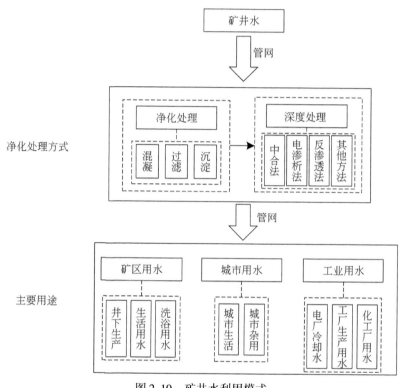

图 2-10 矿井水利用模式

图 2-10 所示，矿井水开采之后，需进行净化处理，以去除矿井水中悬浮物及色度，净化处理包括混凝、沉淀、过滤等过程。为了扩大矿井水利用范围，用于电厂化水车间的原水和矿坑居民洗浴用水，还必须进行深度处理，进一步去除矿井水中的浊度、有机污染或盐分，深度处理主要包括中和法、电渗析法、反渗透法等方法。

净化处理后的矿井水主要有三种用途：①矿区用水。矿井水利用应优先考虑矿区自身的利用，如用于矿区井下生产用水、矿区居民生活用水、洗浴用水、厂区降尘洒水等。②城市用水。当矿区年涌水量达500万 t以上时，可以考虑与水厂相连，作为城市的供给水源，用于城市生活或城市杂用等。③工业用水。工业用水是矿井水目前的主要用途，即将矿井水通过管网直接引入电厂、化工厂等，用于电厂冷却水、工厂生产用水、化工厂用水等。

在资源性缺水地区的大型矿产基地，应积极开发利用矿井水，从而减少水资源浪费，缓解水资源紧缺，保护矿区水资源环境。

2.3.2 工程性缺水地区非常规水利用模式

工程性缺水地区的非常规水源主要有雨洪水和再生水，本节主要阐述雨洪水利用模式，再生水利用模式不再赘述。

雨洪水的资源化利用不仅可以解决区域水资源短缺问题，还可以防御滑坡、泥石流、城市内涝等灾害。雨洪水的资源化利用，必须建立起一个有效转化利用雨洪水资源的体系，综合运用工程措施和非工程措施，在某种前提下将排泄入海、河流泛滥或城市洪涝等雨洪水资源转化为可利用的水资源。

目前，雨洪水利用模式如图2-11所示。

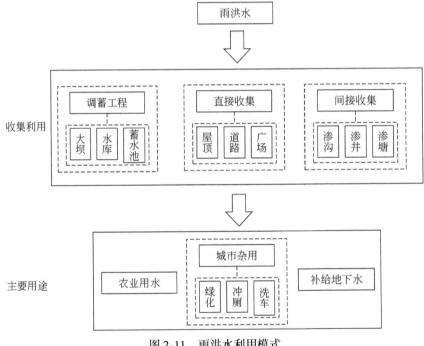

图 2-11　雨洪水利用模式

图 2-11 所示，雨洪水通过三种方式进行收集利用：①调蓄工程，如大坝、水库、蓄水池拦截调蓄洪水，通过动态汛限水位增加汛末蓄水，将汛期雨洪水储存，在枯季加以利用；②直接收集，通过屋顶、道路、广场等直接收集雨水，作为中水进行利用；③间接收集，利用渗沟、渗井、渗塘等补充地下水。

收集存储的雨洪水主要有三种用途：①作为农业用水，用于浇灌作物等；②作为中水用于城市杂用，如绿化、冲厕、洗车、浇花、市政洒水等；③将雨水回灌地下，补给地下水，涵养水源。

雨洪水的资源化利用，可以增加城市水源，缓解水资源的供需矛盾，提高水资源的利用效率；改善区域生态环境，将雨水就地收集、就地利用或补给地下水，可以减轻城市河湖的防洪压力，减轻城市雨水排泄不畅和洪涝灾害的发生；减少社区庭院积水，改善小区水环境，提高居民生活质量；利用雨水补充地下水资源，涵养地下水；减轻城市防洪和排水的压力。因此，在工程性缺水地区应加大开发利用雨洪水，来解决水资源短缺问题。

2.3.3 水质性缺水地区非常规水利用模式

水质性缺水地区应以改善水资源环境为主要目的，需加大开发建立分散式污水处理系统，本小节对再生水分散利用模式进行详细介绍。水质性缺水地区的雨洪水利用模式与 2.3.2 节中的较为类似，故不再赘述。

再生水分散利用是指办公楼、居民小区、宾馆、学校、工矿企业等部门的生活污水和生产废水自成系统，污废水就近分散处理后就地利用。在国际上，日本相对来说是再生水分散利用模式应用比较好的国家，其根据本国情况，在发展再生水集中利用模式的同时大力发展建筑物中水系统，将再生水作为大型建筑的杂用水。我国再生水分散利用模式与国际相似，是以分散独立小区为单元，以单元内的符合一定水质要求的污水为原水，进行单独收集处理，达到小区景观和冲厕等再生水水质标准要求后进行循环利用，自成体系，原则上不外排。

再生水分散利用模式适合人群集中的地区，如小区、高校、工厂、企业等，其最大优点是就近安排，节约成本，灵活方便，省去了城市集中污水处理厂、再生水厂等与用户之间复杂的输配管网建设，减少了管网的投入、使用和维修等费用；冲厕用水（占生活用水量的 40%~50%）与社区景观环境用水的结合，使再生水生产与利用之间达到水量平衡，实现社区污水的环境零排放。

再生水分散利用模式如图 2-12 所示。分散式污水处理系统的水源根据地区的不同而有所差别，若位于学校则水源为学校师生生活、教学用水，如食堂排水、实验用水等；若位于小区则水源为居民生活用水，如小区居民淋浴用水、室内冲厕用水等。

分散利用模式的净化处理方式较集中利用模式来说比较简单，一般执行完二级处理即可，若因特殊需求而对水质标准要求较高，可进行三级处理。

分散式再生水的主要用途一般为市政杂用，如绿化、道路浇洒、车辆冲洗、室内冲厕、消防储水、景观用水等。

水质性缺水地区可大力发展再生水分散利用模式，在人口集中的独立区，如小区、高校、工厂等地，通过分散式、生态型污水处理实施，净化污水和初期雨水，一方面可以增加非常规水源供给，缓解水资源短缺问题，另一方面可以减少入河污染物，提升河湖水质，改善生态环境。

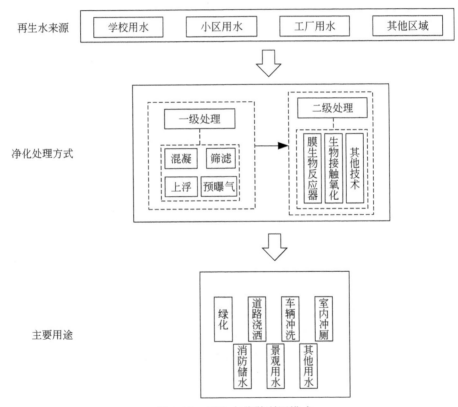

图 2-12 再生水分散利用模式

2.4 非常规水利用技术

2.4.1 污水再生利用技术

城市污水处理按处理程度划分，可分为一级处理、二级处理和三级处理。一级处理通常称为预处理，二级处理为污水处理主体，必要时再进行三级处理，即深度处理，使污水达到再生利用水质要求。

污水再生利用的目的不同，水质标准和污水深度处理的工艺也不同。水处理技术按机理可分为物理法、化学法、物理化学法和生物化学法。物理法是通过直接的物理作用分离、回收污水中的粗大物体、悬浮固体、漂浮固体及油脂类等物质。化学法是通过化学反应分离、去除或回收污水中呈溶解、胶体状态的污染物。物理化学法是通过传质作用及相的变化去除或回收污水中呈溶解、胶体状态的污染物。生物化学法则是通过微生物的代谢作用将污水中各种形态的有机污染物转化为稳定、无害的物质。

1. 主要处理技术

1）混凝技术

混凝技术是通过向水中投加某种化学药剂，使水中的细分散颗粒和胶体物质脱稳凝聚，并进一步形成絮凝体。混凝技术在水处理中得到广泛的应用。混凝技术可以降低污水的浊度和色度，去除多种高分子物质、有机物、某些重金属毒物和放射性物质等，也可以去除导致水体富营养化的氮和磷等可溶性有机物。混凝技术可用于污水的预处理、中间处理或终端处理。污水回用深度处理经常采用混凝技术，然后用过滤技术获得相应水质。与其他技术相比，混凝技术的优点是设备简单，易于操作维护，便于间歇操作，处理效果良好。

2）过滤技术

在水处理过程中，过滤一般是指通过石英砂等粒状滤料层截留水中悬浮杂质，从而使水获得澄清的工艺过程。总的来说，有效的过滤有以下作用：去除化学沉淀或生物处理过程中未能沉降的悬浮颗粒和微絮凝体；增加悬浮物、浊度、生化需氧量（biological oxygen demand，BOD）、化学需氧量（chemical oxygen demand，COD）、磷、重金属、细菌、病毒和其他物质的去除效率。

3）氧化还原技术

氧化还原技术是去除污水中污染物的一种有效方法，受到越来越广泛的关注。氧化还原技术通过化学反应把污水中呈溶解状态的无机物和有机物氧化或还原成无害的化合物，或者转化成容易与水分离的物质形态，从而实现水中污染物的去除和无害化。

4）消毒技术

水处理的目的是用某种方法把水中的污染物质分离出来，或者将其转化分解成无害无毒的稳定物质，从而使水得到净化。消毒是水处理工艺流程中不可缺少的一个重要环节。消毒方法大体上可分为两类：物理方法和化学方法。物理方法主要有加热、冷冻、辐射紫外线和微波消毒等。但目前最常用的还是使用化学药剂的化学方法。化学方法利用各种化学药剂进行消毒，常用的化学药剂有多种氧化剂（氯、臭氧、碘、高锰酸钾等）、某些重金属离子（银、铜等）及阳离子型表面活性剂等。氯消毒主要是通过次氯酸的氧化作用来杀灭细菌，次氯酸是很小的中性分子，能扩散到带负电的细菌表面，通过细菌的细胞壁进入细菌内部并发生氧化作用破坏细菌的酶系统使细菌死亡。氯消毒是传统的消毒方法，能较快地杀灭水中细菌，而且成本不高，是目前应用最为广泛的方法。

5）膜分离技术

膜分离技术是通过利用特殊的有机高分子或无机材料制成的膜对混合物中各组分的选择渗透作用的差异，以外界能量或化学位差为推动力，对双组分或多组分液体进行分离、分级、提纯和富积的技术。近几十年来，膜分离技术广泛应用于污水处理领域，形成了新的污水处理方法，它包含微滤、超滤、电渗析、纳滤、反渗透、气体渗透和渗透汽化等。虽然微滤和超滤去除的颗粒的直径较大，但微滤、超滤运行所需压力低，膜的成本低，与水处理中传统的混凝技术相比，微滤、超滤对水中病菌可提供一个静止的阻挡层，因此病菌残留下来的机会少。电渗析能去除水中带电颗粒，但对于病毒和大多数有机物的处理效果差。纳滤和反渗透的作用原理是扩散作用和筛分作用，筛分作用可去除病毒和有机物，扩散作用可去除离子型无机物，纳滤和反渗透可分离小直径颗粒，而且对病毒、有机物和无机物均有效，因此纳滤和反渗透具有广泛的处理能力和范围。

6）活性炭吸附技术

固体表面的分子或原子因受力不均衡而具有剩余的表面能，某些物质在碰撞固体表面时，受到这些不平衡力的吸引而停留在固体表面上，这就是吸附。吸附法主要用于脱除水中的微量污染物，应用范围包括脱色、除臭、除味、除重金属、除各种溶解性有机物及放射性元素等。在处理流程中，吸附法可以作为离子交换、膜分离等方法的预处理，以去除有机物、胶体物及余氯等；也可以作为二级处理后的深度处理技术，以优化水质。利用吸附法进行的水处理，具有适应范围广、处理效果好、可回收有用物料、吸附剂可重复使用等优点，但对进水预处理要求较高，运转费用较高，系统庞大，操作较麻烦。

7）生物活性炭技术

活性炭具有巨大比表面积及发达孔隙结构，对水中有机物及溶解氧有很强的吸附性，可作为载体，成为微生物集聚、繁殖、生长的良好场所，在适当的温度及营养条件下，可以同时发挥活性炭的物理吸附作用、微生物的生物降解作用和活性炭生物再生作用，实现污水处理。

2. 污水再生利用工艺

污水再生处理工程包括污水二级（或二级强化）处理设施、深度处理设施、消毒处理设施的不同组合与技术设备的集成。

1）污水二级（或二级强化）处理

污水二级（或二级强化）处理是再生水生产的基础，工艺单元的选取要同时考虑处理出水的达标排放和再生水生产对水质净化程度的要求，并与后续深度处理工艺衔接配套。污水二级（或二级强化）处理应确保有机物和悬浮固体的去除程度，并降低水中氮、磷营养物的浓度。

2）深度处理

深度处理是再生水处理工程的主体单元，可采用滤料过滤或膜过滤工艺，一般需要设置混凝、沉淀前处理单元。对再生水水质有特殊要求的，可以选择反渗透、离子交换、活性炭吸附、高级氧化等处理单元作为辅助手段，再生水用户自行建设再生水处理单元。

3）消毒处理

消毒是再生水处理的必备单元，可采用氯化消毒、紫外消毒、臭氧消毒等方法。

通常污水再生利用技术需要多种工艺的合理组合，即各种水处理工艺结合起来对污水进行深度处理，单一的某种水处理工艺很难达到再生水水质要求。

根据不同的回用用途，污水回用工艺通常有：回用于工业循环冷却水的"混凝沉淀—砂滤—离子交换"工艺，回用于农田灌溉的"混凝沉淀—砂滤"工艺，回用于景观娱乐用水的"曝气—混凝沉淀—砂滤—臭氧生物活性炭"工艺，回用于生活杂用水的"曝气—混凝沉淀—砂滤—臭氧生物活性炭—氯化消毒"工艺。此外，还有"臭氧—生物活性炭—膜分离"工艺，"活性炭吸附—光氧化"工艺，"活性炭—超滤"工艺等。

对于城市污水处理厂的出水，回用工艺主要有以下两种：一是城市污水处理厂普遍采用以除磷脱氮为重点的强化二级生物处理技术并增加三级处理流程，包括多种类型的过滤技术和现代消毒技术；二是采用当代高新技术如微滤膜过滤、反渗透、膜生物反应器（membrane bio-reactor，MBR）等，使处理后的再生水达到市政杂用、生活杂用、园林绿化、生态景观、工业冷却、回注地下水、发电厂锅炉补给水等多种用途要求。

3. 一体化的膜生物反应器技术

随着城市用地紧张状况加剧和对再生水水质要求的提高，出水水质好、占地面积小的集约化、一体化的膜生物反应器技术逐渐发展起来。膜生物反应器是一种由膜分离单元与生物处理单元相结合的新型水处理技术。按照膜的结构可分为平板膜、管状膜和中空纤维膜等，按膜孔径可划分为微滤膜、超滤膜、纳滤膜、反渗透膜等。2006 年以来，国内膜生物反应器技术发展和应用较快。厦门大学应用高效膜生物反应器技术建设了 3000 t/d 的小型地埋式污水处理站，该污水处理站已稳定运行 10 余年，出水水质达到Ⅳ类标准（除总氮外，其他主要指标均达标）。北控水务集团采用膜生物反应器技术在北京市稻香湖建设了一个地埋式污水处理厂（2016 年），处理能力为 8 万 t/d，出水水质一级 A 类。2017 年成都市天府新区采用膜生物反应器技术建设了第一污水处理厂，处理能力 5 万 t/d，出水水质一级 A 类。2018 年安徽省合肥市在蜀山区井岗镇樊洼路建设了清溪净水厂，处理能力为 20 万 t/d，出水水质一级 A 类。除此之外，国内还有一大批采用膜生物反应器技术的再生水厂正在建设之中。目前，高效膜生物反应技术因膜使用寿命长、出水水质好且稳定、便于分散式地埋装配，以及场地占用少等优点受到许多城市的青睐，特别是在厦门市，高效膜生物反应技术在解决城中村的污水收集和再生利用问题方面发挥了重要作用。相比传统污水处理厂，采用高效膜生物反应技术建设的生态型、地埋式污水处理厂具有如下几个方面的优势。

1）成本低、出水水质好

传统污水处理厂一级 A 类出水成本约为 0.8 元/m³，准Ⅳ类出水成本约为 1.2 元/m³，基于高效膜生物反应技术建设的地埋式污水处理厂出水达到准Ⅳ类水标准所需成本约为 0.95 元/m³；建设投资方面，传统污水处理厂实现准Ⅳ类出水的投资为 4000~6000 元/(t·d)，地埋式污水处理厂实现准Ⅳ类出水的投资为 6000~7000 元/(t·d)，和传统污水处理工艺相比，地埋式污水处理厂虽然造价稍高，但节约了大量的管网投资，而一般管网及转输泵站投资是地埋式污水处理厂投资的 5 倍以上。

2）占地少

根据城市污水处理工程项目建设标准，传统污水处理厂建设用地指标为 1.5 m²/(t·d)，而地埋式污水处理厂建设用地指标为 0.1~0.2 m²/(t·d)。在同样的生产能力情况下，地埋式污水处理厂占地仅为传统的 1/10。

3）无臭味、无噪声

传统污水处理厂由于臭味和噪声问题落地较难，基于高效膜生物反应技术建设的地埋式污水处理厂则很好地解决了这个问题；以厦门市杏林湾小区为例，建设的地埋式污水处理厂离小区只有6m远，但基本没有噪声和臭气污染，外观上就是一个花园，平时是小区居民休憩的场所。

4）污泥产生量少

在同等生产能力情况下，基于高效膜生物反应技术建设的地埋式污水处理厂产生的污泥量仅为传统污水处理厂的50%。

5）选址限制少

基于高效膜生物反应技术建设的地埋式污水处理厂适宜分散建设，可以大量节省管网建设投资和无效输送，选址方便、限制因素少，出水便于生态回用。

6）处理工艺先进

高效膜生物反应技术兼顾了膜生物反应器的膜处理技术的优点且更为先进，国内膜生物反应器能耗为 $0.6 \sim 0.7 kW \cdot h/m^3$，而分布式污水处理厂高效膜生物反应能耗为 $0.4 kW \cdot h/m^3$。

2.4.2　矿井水利用技术

煤矿矿井水以悬浮物为主，多呈中性，根据不同水质要求可采取不同的处理技术工艺和措施，达到不同的用水标准。

目前，矿井水利用技术已基本成熟，完全可以满足产业化、规模化发展的需要，主要方法有混凝沉淀法、中和法、电渗析法及反渗透法。

1. 混凝沉淀法

混凝沉淀法是处理含悬浮物矿井水最有效的方法。它利用化学絮凝剂的特性，按需要投加到被处理的矿井水中，使难以沉淀的胶体或乳化状污染物质互相聚合，形成较大颗粒而除去。常用的絮凝剂有硫酸铝、明矾、聚合氯化铝、硫酸亚铁、硫酸铁、聚铁、三氯化铁和聚丙烯酰胺等，使用时应结合水质特性进行选择。

2. 中和法

中和法是处理酸碱矿井水最常用的传统方法。它利用酸碱中和反应的原理处理酸性或碱性废水。处理酸性水的中和剂有石灰、石灰石、苛性钠、碳酸钠等。处理碱性水是加酸或用含酸性物质中和。煤矿酸性矿井水常采用中和法处理。

中和法处理法有三种工艺：直接投加石灰法、石灰石中和滚筒法、升流式变滤速膨胀滤池法。

3. 电渗析法

电渗析法是目前处理含盐矿井水较为有效的处理方法。在外加直流电场的作用下，利用离子交换膜对水中离子的选择透过性，使水中的离子定向迁移，即淡水室的阴离子向阳极迁移，透过阳膜进入浓水室，淡水室的阳离子向阴极迁移，透过阴膜进入浓水室，而浓水室的阴、阳离子因不能透过阴、阳膜而仍留在浓水室中，从而使含盐水达到淡化。

电渗析法的工艺流程可分为直流式、循环式和部分循环式三种，可根据需要选用。近年来电渗析淡化技术发展很快，为解决缺水矿区生活用水难的问题开辟了一条新途径。

4. 反渗透法

反渗透法是一种新的矿井水处理方法。该方法的优点是不仅能除去无机盐，还能有效去除有机物、微粒、胶体、三氧化硅和细菌，能淡化海水、微咸水且可制备高纯水。

反渗透法以压力为推动力，用半透膜使水溶液中的水和溶质分离，分离过程是在常温下进行的，不发生相变，所以能量消耗低，不产生热污染，适应性强，规模可大可小，流程简单，操作方便，占地小，能耗低，易于管理。

随着科学技术的发展，高脱盐率的新反渗透膜有醋酸纤维素膜、芳香聚酰胺膜、聚苯并咪唑酮膜等，选用时既要考虑各种膜的特性，也要考虑去除率。

2.4.3 城市雨水利用技术

城市雨水利用包括雨水集蓄利用、雨水渗透利用，以及包括雨水集蓄利用和雨水渗透利用两种类型的综合利用模式。

1. 雨水集蓄利用

1）屋面雨水集蓄利用系统
利用屋顶做集雨面的雨水集蓄利用系统主要用于家庭、公共和工业等方面的非饮用水（如浇灌、冲厕、洗衣、冷却循环等中水）系统。该系统由雨水汇集区、输水管系、截污装置、储存、净化和配水等几部分组成。屋面雨水集蓄利用在我国还比较少，但在许多国家已得到较广泛的应用，是一项开发利用潜力比较大的城市雨水利用方式。

2）屋顶绿化雨水利用系统

屋顶绿化是一种削减径流量、减轻污染和城市热岛效应、调节建筑温度和美化城市环境的新生态技术，可作为雨水集蓄利用和渗透的预处理措施。植物和种植土壤的选择是屋顶绿化的技术关键，防渗漏则是安全保障。

3）园区雨水集蓄利用系统

在新建生活小区、公园或类似的环境条件较好的城市园区、工业园区，通过水土平衡，开挖部分水坑，形成景观水面，收集区内屋面、绿地和路面的雨水径流用于景观蓄水、绿地灌溉等，达到削减城市暴雨径流量、减少水涝和改善环境等效果。

4）景观湿地及湖泊雨水利用系统

城市湿地及湖泊作为一种雨水利用的工程措施，可用来滞蓄和入渗汛期雨水。一是利用城市现有湖泊，建立雨水集蓄系统，充分利用城市雨水；二是在城市河道沿线范围有条件的地区，就近建设湿地公园，辅以相关水利设施、透水路面及绿地等，将河道汇集的大量雨水通过湿地蓄渗回补地下水，既有效涵养水源，又形成景观并美化环境。

2. 雨水渗透利用

采用各种雨水渗透设施，让雨水回灌地下水，补充涵养地下水资源，是一种间接的雨水利用技术。主要渗透利用措施如下。

1）渗透地面

渗透地面可分为天然渗透地面和人工渗透地面两大类，前者在城区以绿地为主。绿地是一种天然的渗透设施，透水性好，分布广泛。人工渗透地面是指城区各种人工铺设的透水性地面，如多孔的嵌草砖、碎石地面，以及透水性混凝土路面等。

2）渗透管沟

雨水通过埋设于地下的多孔管材向四周土壤层渗透，也可以通过地面敞开式渗透沟或带盖板的渗透暗渠向四周土壤层渗透。一般要在管材渗透面外侧填充粒径 20～30mm 的碎石或其他多孔材料，使其有较好的渗透和调储能力。对于用地紧张的城区，在表层土渗透性很差而下层有透水性良好的土层、旧排水管系需要改造利用、雨水水质较好及狭窄地带等前提条件下较为适用。

3）渗透井

渗透井包括深井和浅井两类。深井主要适用水量大而集中，水质好的情况，浅井在城区较多。渗透井形式类似于普通的检查井，但渗透井的井壁可透水，井底和四周铺设直径在 10～30mm 的碎石，雨水可通过井壁、井底向四周渗透。

|第3章| 厦门市非常规水利用方案

3.1 厦门市概况

3.1.1 社会经济

厦门市位于台湾海峡西岸中部、闽南金三角的中心，地处北纬24°23′~24°54′、东经117°53′~118°26′，隔海与金门县、龙海市相望，陆地与南安市、安溪县、长泰县、龙海市接壤。厦门市境域由福建省东南部沿厦门湾的大陆地区和厦门岛、鼓浪屿等岛屿及厦门湾组成。全市土地面积为1699km²，其中厦门本岛土地面积为141.09km²（含鼓浪屿），海域面积约为390km²。1980年经国务院批准，厦门市设立经济特区，改革开放以来，厦门市经济与城市建设迅猛发展。2003年5月经国务院批准，厦门市调整部分行政区划，辖思明区、湖里区、集美区、海沧区、同安区和翔安区6区。

2017年，厦门市实现GDP 4351.72亿元，比上年增长7.6%。其中，第一产业实现增加值23.46亿元，增长2.1%；第二产业实现增加值1812.24亿元，增长6.7%，对GDP增长的贡献率为38.0%，拉动GDP增长2.9个百分点；第三产业实现增加值2516.02亿元，增长8.4%，对GDP增长的贡献率为61.9%，拉动GDP增长4.7个百分点；三次产业结构调整为0.5∶41.7∶57.8。

2017年，厦门市财政收入保持稳定增长，全年实现公共财政预算总收入1187.29亿元，比上年增长9.6%，其中地方级财政收入696.78亿元，增长11.0%。工业企业效益良好，全年规模以上工业经济效益综合指数245.91，比上年提升15.98个点；工业创利创税能力较强，规模以上工业利润总额340.13亿元，增长20.4%，规模以上工业利税总额增长15.4%；在35个工业行业中，八成行业的增加值保持增长，其中通用设备制造业、纺织业、农副食品加工业增长较快，增幅分别为19.4%、18.9%、17.7%。规模以上服务业盈利能力较强，全年厦门市规模以上重点服务业完成营业收入1602.19亿元，比上年增长14.0%，实现营业利润184.10亿元，增长69.6%。在福建省9个设区市中，厦门市规模以上服务业的营业收入规模、营业利润规模及增速居首位。厦门市经济发展效率不断提升，土地产出率提升到 2.56 亿元/km²；每度电能创造 GDP 17.5 元；工业全员劳动生产率比上年增长 10.1%；城镇居民人均可支配收入达 5 万元，增长 8.1%。厦门市绿色发展取得新进展，综合能耗消费量持续低位增长，全年单位 GDP 能耗下降 1.5%，工业六大高耗能行业投资的增速保持下降且降幅扩大，节能降耗和绿色发展持续推进。

3.1.2 水资源及其开发利用

1. 水资源概况

1) 水资源

根据 2018 年度《厦门市水资源公报》，厦门市 2018 年水资源总量为 9.422 亿 m³，以户籍人口计算，当年人均水资源量为 389m³，人均综合用水量为 277m³；以常住人口计算，当年人均水资源量为 229m³，人均综合用水量为 164m³，属极度缺水地区。参考《节水型社会评价指标体系和评价方法》（GB/T 28284—2012）水资源平、丰、缺划分标准，厦门市属缺水发达地区。厦门市的缺水类型主要为资源性缺水及工程性缺水。另外，厦门市水资源存在时间空间分布不均的特点，空间分布上，同安区水资源最多，占 52.05%，本岛最少，占 4.84%；时间分布上，雨枯明显，4~8 月降水量占全年降水量的 76.0%~81.4%。

根据 2000~2018 年《厦门市水资源公报》，厦门市地下水及地表水资源量变化情况如图 3-1 所示。

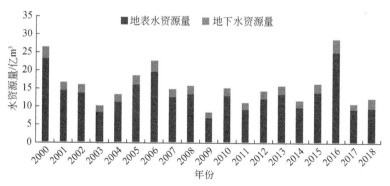

图 3-1 2000~2018 年厦门市水资源量变化情况

厦门市境内河流均属沿海独流入海的山溪性河流，水系分散、源短流急，汇流时间短，下游平原区面积小，径流量集中在汛期的很短时间内，大部分径流直接入海，难以利用，水资源开发利用难度大，缺乏建大型蓄水工程的条件。2018年，厦门市境内水源工程的供水量为 2.556 亿 m³，水资源总量为 9.422 亿 m³，开发利用率为 27.13%，开发利用率较高，进一步开发利用难度大，潜力小。

2）降水及径流

厦门市多年平均降水量为 1530mm，由西北山区向东南沿海递减，在多雨的华南地区属少雨地区。3～9 月为春夏多雨湿润季节，月降水量一般为 100～200mm，月降水量最多可超过 700mm（出现在 1958 年 7 月，月降水量为 702mm）。10 月至来年 2 月为秋冬少雨干燥季节，月降水量一般为 30～80mm，月降水量最少为 0。厦门市常年逐月降水量变化规律如图 3-2 所示。

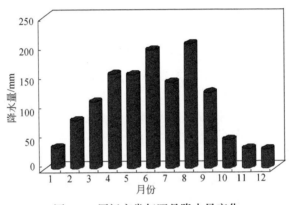

图 3-2　厦门市常年逐月降水量变化

厦门市多年平均年径流深为 600～1100mm，由西北山区往东南沿海逐渐递减，其变化趋势基本上和多年平均降水量相对应。全市多年平均水面蒸发量为 1100～1500mm，由西北山区向东南沿海递增，陆面蒸发量为 650～700mm，从沿海到山区呈马鞍形变化。已建城区大多为常规屋面，路面以沥青路面或混凝土路面为主。

2. 水源和供用水概况

1）水源现状

2018 年，厦门市供水量为 67 255 万 m³（不含海水供应量和生态补水），比上年减少 4.10%。其中，地表水供应量为 62 110 万 m³，占 92.35%，地下水源供应量为 4455 万 m³，占 6.62%，其他水源供应量为 690 万 m³，占 1.03%；当地水资源供应量为 25 562 万 m³，占 38.01%，区域外调入水量为 41 693 万 m³，占 61.99%。全市供水情况见表 3-1。

表 3-1　2018 年厦门市水源可供水量（P=95%）　（单位：万 m³）

年份	地表水源供水量						地下水源供水量	其他水源供水量	供水总量			海水利用量
	小计	蓄水	调水	引水	提水	其他			合计	其中当地水资源	其中区域外调入水	
2018	62 110	13 208	41 693	3 500	2 782	927	4 455	690	67 255	25 562	41 693	127 807

此外，2018 年海水主要用于火电厂冷却等未经淡化处理直接利用，供应量为 127 807 万 m³，与上年相比略有上升。2018 年中水回用于生态补水量为 3900 万 m³，其中埭头溪生态补水量 2900 万 m³，浯溪生态补水量 1000 万 m³。

2）供用水现状

厦门市总供水量近年来略有增长。其中，厦门市农业用水量 2000 年以来持续下降，2018 年占全市总供水量的 19.84%；城镇居民用水持续增长，并于 2012 年超越农业用水量，成为用水量最大的行业，2018 年占全市总供水量的 31.67%；工业用水量先持续增长后稳定，平均增长率 7.2%，2018 年占全市总供水量的 21.44%；农村居民用水量相对稳定，2018 年占全市总供水量的 3.66%（图 3-3）。

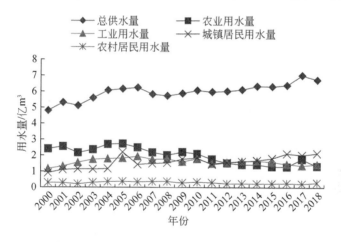

图 3-3　2000～2018 年厦门市供水发展趋势

2018 年全市总供水量为 67 255 万 m³，其中城镇居民用水量最大，为 21 298 万 m³，占 31.67%；其次是第二产业用水量（包括建筑业用水 2069 万 m³），为 14 423 万 m³，占 21.44%；第一产业用水量为 13 340 万 m³，占 19.84%；第三产业用水量为 12 763 万 m³，占 18.98%；农村居民用水量为 2465 万 m³，占 3.66%；生态环境用水量为 2965 万 m³，占 4.41%。全市用水结构见图 3-4。生产、生活、生态用水量比例分别为 60.26%、35.33%、4.41%。

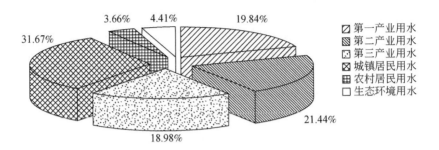

图 3-4　2018 年厦门市用水结构

全市总用水量按行政区统计，思明区总用水量为 11 904 万 m³，湖里区总用水量为 10 837 万 m³，集美区总用水量为 10 310 万 m³，海沧区总用水量为 7596 万 m³，同安区总用水量为 14 953 万 m³，翔安区总用水量为 11 655 万 m³，各区用水比例见图 3-5。

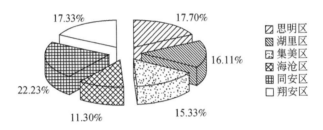

图 3-5　2018 年厦门市各区用水比例图

3. 用水需求预测和缺口分析

为安全做好厦门市水资保障体系建设顶层设计，2014 年 12 月，厦门市委、市政府委托我国著名水资源专家、中国工程院王浩院士领衔，组织中国水利水电科学研究院、厦门市城市规划设计研究院等单位，编制了《厦门市水资源战略规划（2015—2030 年)》简称《规划》。2015 年 1 月 22 日，厦门市委书记王蒙徽主持专题会议审议了该规划，会议原则通过了《规划》。主要内容包括用水需求预测、现状水源条件下的缺口分析和总体规划策略。

1）用水需求预测

根据厦门市水资源条件及经济社会发展对水资源的总体要求，以定额法为基本方法，综合考虑万元 GDP 用水量综合预测法、用水量增长趋势法和人均综合用水量指标法等方法，按生活用水、工业用水和农业用水分别预测未来用水需求量。通过不同用水需求方案对比，综合分析，根据经济社会发展增速不同，分别提出高方案和低方案两套用水需求方案的预测成果。

（1）生活用水预测。

随着城市化水平的提高和居民生活条件的改善，厦门市人均生活用水量呈递增趋势。2013 年厦门市人均综合生活用水为 225L/d，其中人均居民生活用水为 137L/d，人均公共城镇生活用水为 88L/d。与国内外同类城市相比较，厦门市人均综合生活用水量总体较低，如图 3-6 所示。

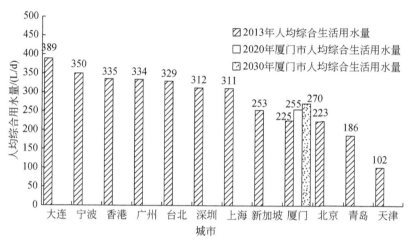

图 3-6 厦门市各水平年人均综合用水量与其他城市对比

人均居民生活用水量的高低与当地气候、经济发展程度、居民的住房条件、生活习惯、节水意识、节水部门管理水平、水资源紧缺压力和水价波动有关。厦门市经济发展程度和生活水平还没有达到发达国家水平，人均居民生活用水量会随着居民生活水平的提高而保持上升趋势。厦门市今后产业布局的重点为发展服务业，尤其是本岛的主导功能为旅游文化、高端消费服务、创意研发和生产服务。为实现建成东南沿海重要的中心城市及两岸金融中心的目标，厦门市的服务业用水量将随生活用水量同步增加。

综合分析得出，2020 年厦门市人均综合生活用水为 255L/d，2030 年厦门市人均综合生活用水为 270L/d。厦门市各水平年生活用水需求如表 3-2 所示。

表 3-2 厦门市各水平年生活用水需求

水平年	常住人口/万人	人均综合生活用水/(L/d)	生活需水量/(亿 m³/a)
2020	500	255	4.65
2030	640	270	6.31

（2）工业用水预测。

在工业用水需求预测中，根据厦门市社会经济发展的 GDP 增速不同，分别给出高方案、低方案两种工业用水需求方案。其中，高方案根据《美丽厦门战略规划》2020 年人均 GDP 翻一番的目标制定，即人均 GDP 达到 2.5 万美元，2020年常住人口达 500 万人，全市 GDP 约 7500 亿元的条件下的用水需求；低方案为现状年到 2020 年 GDP 增速保持 10% 左右条件下的用水需求。高方案和低方案中，2020 ~ 2030 年的 GDP 增速均按 8% 考虑。

通过万元 GDP 用水量综合预测法、用水量增长趋势法和人均综合用水量指标法等方法，综合考虑计算得到高方案和低方案两种厦门市各水平年工业用水需求方案（表 3-3、表 3-4）。

表 3-3　厦门市各水平年工业用水需求方案（低方案）

水平年	GDP/亿元	工业增加值/亿元	万元工业增加值用水量/(m^3/万元)	工业需水量/亿 m^3
2020	6 000	2 700	10.0	2.70
2030	13 000	5 200	8.0	4.16

表 3-4　厦门市各水平年工业用水需求方案（高方案）

水平年	GDP/亿元	工业增加值/亿元	万元工业增加值用水量/(m^3/万元)	工业需水量/亿 m^3
2020	7 500	3 375	10.0	3.38
2030	16 000	6 400	8.0	5.12

（3）农业用水预测。

农业用水主要由自然条件、种植结构和节水灌溉水平决定。随着厦门市城市化的发展，耕地面积逐年减少，相应有效灌溉面积也逐年减少。根据 2005 ~ 2013 年《厦门经济特区年鉴》，厦门市 2004 ~ 2012 年耕地面积减少了 15.48 万亩[①]。

随着厦门市社会经济的快速发展和城市化的不断推进，耕地面积将继续减少，根据《厦门市城市总体规划（2010—2020 年）》《厦门市"三规合一"一张图规划》《厦门市生态红线划定规划》《厦门市土地利用规划》，以及相关部门规划预测，到 2020 年厦门市耕地面积为 27.43 万亩，到 2030 年厦门市耕地面积为 15.4 万亩。

---

① 1 亩 ≈ 666.7 m^2。

参考《国家农业综合开发土地治理项目建设标准》（国农办〔2004〕48 号）中型灌区建设标准，结合厦门市种植结构调整趋势，以 $P = 90\%$ 进行预测，综合分析后得到农业用水需求量，如表 3-5 所示。

表 3-5　厦门市各水平年农业用水需求量

水平年	用水需求量/亿 m³				
	本岛	翔安区	同安区	其他区域	合计
2020	0	0.32	0.2	0.93	1.45
2030	0	0.31	0.19	0.31	0.81

（4）生态环境用水预测。

生态环境用水是指为了维持给定目标下生态环境系统一定功能所需要保留的自然水体而需要人工补充的水量。生态环境用水预测，要结合当地水资源开发利用状况、经济社会发展水平、水资源演变情势等，确定切实可行的生态环境保护、修（恢）复和建设目标，分别进行河道外和河道内的生态环境需水量的预测。

河道外生态环境用水指保护、修复或建设给定区域的生态环境需要人为补充的水量，按城镇生态环境用水、湖泊沼泽湿地生态环境补水、林草植被建设用水和地下水回灌补水分别计算。

根据 2020 年和 2030 年城镇化进程和社会经济发展速度，估算城市河湖需水量、城市绿地建设需水量和城市环境卫生需水量，综合分析得到厦门市各水平年生态用水需求量，如表 3-6 所示。

表 3-6　厦门市各水平年生态用水需求量

水平年	用水需求量/亿 m³				
	本岛	翔安区	同安区	其他区域	合计
2020	0.07	0.04	0.04	0.06	0.21
2030	0.07	0.14	0.09	0.13	0.43

（5）用水需求预测。

根据以上综合分析计算，整理得到高方案和低方案厦门市各水平年用水需求量，如表 3-7 和表 3-8 所示。

表 3-7　厦门市各水平年用水需求量（低方案）

水平年	项目	用水需求量/亿 m³				
		本岛	翔安区	同安区	其他区域	全市
2020	生活	1.97	0.70	0.74	1.35	4.76
	工业	0.25	0.60	0.60	1.25	2.70
	农业	0.00	0.32	0.20	0.93	1.45
	生态环境	0.06	0.04	0.04	0.06	0.21
	合计	2.29	1.94	2.04	2.87	9.12
2030	生活	1.97	1.38	0.99	1.97	6.31
	工业	0.35	1.00	1.00	1.80	4.15
	农业	0.00	0.24	0.50	0.07	0.81
	生态环境	0.07	0.14	0.09	0.13	0.43
	合计	2.39	2.75	2.58	3.97	11.69

表 3-8　厦门市各水平年用水需求量（高方案）

水平年	项目	用水需求量/亿 m³				
		本岛	翔安区	同安区	其他区域	全市
2020	生活	1.97	0.70	0.74	1.35	4.76
	工业	0.25	0.75	0.75	1.63	3.38
	农业	0.00	0.32	0.20	0.93	1.45
	生态环境	0.06	0.04	0.04	0.06	0.21
	合计	2.29	2.09	2.19	3.25	9.81
2030	生活	1.97	1.38	0.99	1.97	6.31
	工业	0.35	1.25	1.30	2.22	5.12
	农业	0.00	0.24	0.50	0.07	0.81
	生态环境	0.07	0.14	0.09	0.13	0.43
	合计	2.39	3.00	2.88	4.39	12.66

2）现状水源条件下的缺口分析

目前，厦门市水源工程基本能满足现有发展水平条件下的用水需求，但在干旱年条件下仍存在用水紧张，同时应对突发事故能力弱。

厦门市现状供水能力为 8.65 亿 m³，在现状水源和供水工程条件下，可以支撑现有的用水水平，城镇供水系统可以基本得到保障，主要农业用户可以满足90%保证率需水，仅部分本地自有小水源农业灌溉用水受到一定破坏。在遭遇95%以上特枯水年和三年以上连续枯水年时，本地水供水能力将极大降低，在本地水源更多地保障城镇供水后，农业用水将出现较大的缺水，农业缺水量达到0.4亿 m³，缺水率达到30%，灌溉高峰期缺水率达到60%。同时，虽然九龙江北溪引水工程在一定程度上加大引水能力，但受区域内部水量调配要求限制，翔安区仍会出现部分城镇缺水。

考虑未来的需求增长，现状供水能力难以维持，在正常节水模式下发展，厦门市 2020 年和 2030 年缺水总量分别达到 2.2 亿 m³ 和 5.0 亿 m³。在采用强化节水方案后缺水仍分别为 1.47 亿 m³ 和 4.04 亿 m³，缺水率高达 35%，主要缺水区域为翔安区和同安区，缺水率超过 50%。长泰枋洋水利枢纽工程和莲花水库投入运行后，供水能力可以提高，在建设配套工程后，水源条件可以基本支撑 2020 年用水，但 2030 年仍将出现约 2 亿 m³ 缺水。

现有供水体系下，突发事件的应急供水能力难以保障。由于现状北溪供水占城镇总供水的 80% 以上，在出现北溪突发污染事故时，现有本地供水系统无法支撑全市供水，本岛的供水将完全不能保证。即使通过加大本地供水系统供水规模、关停农业用水和生态用水、挖掘死库容、加大地下水和水车送水等临时措施短期应对，城镇供水缺口仍高达 50% 以上，只能依靠限制用水等预案，而这将对全市生活生产造成极大困难，影响社会稳定，带来巨大经济损失。

3）总体策略

厦门市水资源安全保障宜采用"护好本地水，做好节约水，用好外调水，备好淡化水，净好再生水"的总体策略，其中保护是核心，节水是根本，调水是关键，非常规水源是重点。

用 10 年左右的时间，逐步完善厦门市城乡水资源合理配置和高效利用体系，使城乡供水安全得到可靠保障，节水水平逐步接近或达到世界先进水平，控制用水总量过度增长，抗御干旱能力明显增强；逐步完善水资源保护和河湖生态健康保障体系，使江河湖泊水污染得到有效控制，河流的生态用水得到基本保障，全市水环境状况明显改善；逐步完善水资源应急保障体系，加强应对特大干旱及突发安全供水及水污染事件的水源储备和应急管理能力，提高应急风险管理水平；逐步完善现代水资源管理体系，全面提升水资源管理能力，使最严格的水资源管理制度基本完善。

在注重保护、高效利用、合理配置、加大投入和加强管理的前提下，厦门市有条件在人与环境协调共处的基础上，实现美丽厦门"两个百年"战略目标和社会经济的可持续发展。

3.1.3 污水排放与处理现状

1. 现状污水设施

2013 年，厦门市运行市政污水处理厂 8 座（表 3-9），污水提升泵站 106 座，日处理能力达 88.5 万 t，全市城市污水集中处理率 93.38%，全年污水处理量为 2.6 亿 t，占福建省污水处理量的 21%。"十一五"期间，厦门市污水处理厂 COD 减排量占全省生活 COD 减排总量的 27%。针对现状水体存在的主要问题，厦门市区两级政府开展了大量水系截污、村庄污水治理和生态河道的建设工作。

表 3-9 2013 年厦门市政污水处理厂一览表

分区	集中污水处理厂	排放标准	现状规模/(万 t/d)
本岛（50 万 t/d）	筼筜污水处理厂	国标一级 B	30
	前埔污水处理厂	国标一级 B	20
海沧区（10 万 t/d）	海沧污水处理厂	国标一级 B	10
集美区（15 万 t/d）	集美污水处理厂	国标一级 B	9
	杏林污水处理厂	国标一级 B	6
同安区（10 万 t/d）	同安污水处理厂	国标一级 B	10
翔安区（3.5 万 t/d）	翔安污水处理厂	国标一级 B	2.5
	澳头污水处理厂	国标一级 B	1

另外，厦门市政府已明确要求，加快城镇污水处理厂（站）建设与改造，全市城镇污水处理厂（站）为再生水的开发利用奠定了有利基础。

2. 排污区和排放口概况

1）现状陆域入海排污口

根据《2014 年厦门市海洋环境状况公报》，现状陆域入海排放口主要包括 7 个污水处理厂排放口（表 3-10）和 8 个雨污混排口。其中厦港避风坞排污口已被截流至市政污水管网，污水不再直排入海。

15 个主要陆域入海排放口的污水年排放总量为 2.9 亿 t，主要污染要素年排放总量为 2.5 万 t。其中，化学需氧量（COD）占 54.4%，悬浮物占 26.2%，总氮（TN）占 18.4%，总磷（TP）占 1.0%。15 个排放口污染要素主要排入西海域、同安湾海域和东部海域。西海域和东部海域主要污染要素排放量较 2013 年有所增加；同安湾海域主要污染要素排放量大幅减少，主要是 2014 年悬浮物排放量明显减少。

污染源的排放量与周边陆域产业布局、人口分布、开发类型和程度有较大的相关性。厦门岛污水直排口和污水处理厂排放口是周边海域主要污染源之一。

表3-10　2014年厦门市主要污水处理厂排污情况

序号	行政区	污水处理厂名称	排放口	排放方式
1	本岛	前埔污水处理厂	石渭头排放口	1根D1500玻璃钢管至上屿南侧深水区，采用深海扩散器排放
2		筼筜污水处理厂	猴屿排放口	1根DN1800排海管至猴屿深水区，采用深海扩散器排放，排放能力为20万t/d；另有10万t/d尾水通过旁通管在排海泵房出水箱涵口处近岸排放
3	海沧	海沧污水处理厂	茶口洋（河口区海域）	于1.5～2.0m水深（离岸约200m）排放
4	集美	杏林污水处理厂	杏林日东池（西海域）	漫滩排放
5		集美污水处理厂	集美凤林美（同安湾）	近岸潮沟排放
6	同安	同安污水处理厂	同安浦头（同安湾）	表层排放至厂区外侧浦声支流
7	翔安	翔安污水处理厂	东坑湾（同安湾海域）	漫滩排放，由东坑水域通过海堤排向东咀港

2）根据海域环境功能区划确定的排污口

《福建省近岸海域环境功能区划（修编）》（2011～2020）、《厦门市海洋功能区划》和《厦门市环境功能区划》（第三次修订版）分别对厦门市近岸海域环境功能区划做出了规定。其中，《厦门市环境功能区划》（第三次修订版）第3.3.1条明确规定厦门市的近岸海域环境功能区划按最新批准的《福建省近岸海域环境功能区划》执行。

《福建省近岸海域环境功能区划（修编）》（2011～2020）由福建省人民政府于2011年6月18日以闽政〔2011〕45号文件批复实施，其中对厦门市近岸海域环境功能区主导功能、辅助功能和水质目标提出了明确要求，是近岸海域环境功能区划最新的指导文件，根据该文件，厦门市入海排放口主要包括排放口和限制排放口两类。

排放口共计7个，包括4个可用排放口和3个限制排放口，其中石渭头、茶口洋、澳头和猴屿排放口（深水）对污染物稀释扩散有利，是环境功能区划确定的排放口，可接纳污水处理厂尾水排放；而集美排放口为浅滩排放，同安浦头排放口位于同安湾顶，杏林排放口位于西海域湾顶，水力交换条件都较差，为环境功能区划的限制排放口。根据厦门市相关要求，限制排放口后续不能再接纳污水处理厂尾水排放。

厦门市规划入海排放口仅有 4 个，且主要集中在海沧区南侧和翔安区南侧海域，集美区、同安区距离排放口较远，最长转输距离约 30km，翔安区北侧也需跨越全区至最南端排放。

3. 现状污水收集系统

1）概况

随片区开发建设，各区分别建设了配套污水管网和污水泵站。各区具体情况如下：

本岛。本岛污水干管系统已基本普及到位，但受城中村改造等条件限制，仍存在较多的污水管网未覆盖区域，污水管网未覆盖区域分布规律基本与现状城中村分布相同，基本位于本岛北部、中北部、环岛路东线片区；另外环岛路南线的曾厝垵和黄厝也有零星分布。

海沧区。新阳工业区、海沧新市区的污水管网建设较为完善，片区内大部分污水可以输送至海沧污水处理厂处理；东孚片区、保税港区、南部工业区等片区污水管网正在不断完善，片区内尚有不少污水简单处理后就近排放入水体，未能输送至海沧污水处理厂处理。

集美区。集美区现状污水管网总长度约 242km，主要分布在后溪工业区、集美北站、大学城、集美北部工业区、集美北部新城、集美旧城、新城核心区、灌口片区、软三片区、中亚城、杏北和杏南等片区。

同安区。同安区现状污水管网建设总长度约 280km。其中，旧城以截污为主，但整体管网不成系统，现状污水管道下游均接入雨水管道或边沟内；工业集中区、城南片区、西柯片区污水系统已基本形成；其他片区包括祥平、城南、洪塘等片区污水管网零散分布，未成系统。

翔安区。翔安区现状污水管网总长度 206km。现状三大分区中仅翔安污水处理厂片区污水收集系统已成型，新圩污水处理厂系统主干管基本成型，澳头污水处理厂系统尚未成型。

2）收集系统存在的问题

因开发时序不同、旧城区改造难度大等问题，污水收集系统建设目前尚存在以下突出问题。

（1）部分片区虽然敷设有污水管网，但因关键节点未打通，上下游污水系统不畅通，污水进入污水管网后无出路。例如，海沧区过芸溪上游。现状 324 国道污水干管未全线打通，导致目前流域内凤山工业区、东孚东部分片区约 50hm² 及党校 16hm² 污水无排放出路。

（2）污水转输系统未形成，上游污水量超污水处理设施规模。例如，集美区原规划至海沧区的污水转输系统未建成，污水无法转输至海沧区污水处理厂，杏林污水处理厂已满负荷运行，部分污水溢流至河道。

4. 存在问题

1）排放口有限

厦门市规划入海排放口仅有 4 个，且地域分布极不均衡，主要集中在海沧区南侧和翔安区南侧海域，集美区、同安区、翔安区北侧污水尾水需长距离转输排放。

2）污水处理设施出水标准低

厦门市现状市政污水处理厂除翔安污水处理厂外，其他出水标准均为一级 B，出水标准相对较低。

3）污水收集系统不完善

因片区开发时序不同等因素，部分污水收集系统存在上下游不畅通等典型问题，特别是长距离转输系统不完善。

3.1.4　再生水开发利用现状

1. 工程现状

1）集中市政再生水回用工程

现有的集中市政污水处理厂中有 6 个（筼筜污水处理厂、前埔污水处理厂、海沧污水处理厂、集美污水处理厂、同安污水处理厂和翔安污水处理厂）内部都建有再生水回用的相关设施，主要用于污水处理厂内部的生产药剂稀释、厂区道路冲洗、厂区绿化灌溉等。除此之外，厦门市还有几处规模较大的已建或在建再生水回用工程。

2008 年 8 月，建成前埔污水处理厂再生水回用工程，设计规模为 2.4 万 t/d，再生水管道总长 66.92km，设计浇灌绿地面积约 725hm² （环岛路沿线），但由于再生水处理设施未建设，直接以前埔污水处理厂国标一级 B 出水作为再生水，水质不满足浇灌要求，造成实际使用量极低的现状，2014 年日均用水量约 500t/d。

厦门（新）站片区城市再生水示范工程设计规模为 1.5 万 t/d 已建成并投入使用，其再生水回用于区内城市杂用水（绿化、冲厕、道路浇洒），出水质达到《城市污水再生利用城市杂用水水质》 （GB/T 18920—2002），市政污水管网系统未形成前，多余污水处理出水达到《城镇污水处理厂污染物排放标准》

（GB 18918—2002）中的一级 A 标准。

2）小型污水再生处理设施

除了集中型的以再生水回用为目的的污水再生处理工程外，厦门市还建有一系列市政建设的小型污水再生处理设施。这些小型污水再生处理设施基本分布在集美、同安和翔安三个区内，总规模约 15 万 t/d（图 3-12）。其主要目的是在城市建设过程中解决近期污水的出路问题，在未纳入大系统前确保片区的污水能得到合理处理。但是由于近期管网建设未完善，污水处理后的排放问题仍存在，因此，这些小型再生处理设施设计出水标准均为《城镇污水处理厂污染物排放标准》（GB 18918—2002）中的一级 A 标准，以便作为再生水就近利用，资源化的同时也能解决尾水排放问题。厦门市小型污水再生处理设施如表 3-11 所示。

表 3-11　厦门市小型污水再生处理设施

分区	序号	小型污水再生处理设施	规模/（万 t/d）
本岛	1~3	鼓浪屿三座污水再生处理站	0.34
集美	4	三南路污水再生处理站	1.0
	5	后溪工业组团污水再生处理站	2.0
	6	软件园 1# 污水再生处理站	1.6
	7	九天湖污水再生处理站	1.1
	8	九天湖 A 污水再生处理站	2.0
	9	九天湖 B 污水再生处理站	0.18
	10	新城核心区污水再生处理站	0.8
	11	园博园污水再生处理站	0.2
	12	风景湖再生水处理站	0.5
同安	13	汀溪污水再生处理站	0.35
	14	五显污水再生处理站	0.5
翔安	15	银鹭污水再生处理站	3.2
	16	洋塘污水再生处理站	0.6
	17	新圩污水再生处理站	0.55

2. 利用现状

截至 2015 年，厦门市再生水主要用于环岛路沿线和部分高校内部的绿化灌溉，再生水实际使用量不到 1000t/d。厦门市再生水的实际使用情况与再生水回用工程的设计规模差额巨大，已造成巨大的投资和资源浪费。从各层次发布政策、采取措施确保现有工程的合理利用刻不容缓。

3. 政策配套

截至 2015 年，厦门市尚未出台以再生水为主题的政策、法规或文件，仅在《厦门市城市供水节水条例》《厦门经济特区水资源条例》和《厦门市人民政府关于实行最严格水资源管理制度的实施意见》中提到再生水，对再生水的管理不够全面和具体，无法切实指导厦门市再生水工程建设。

为切实推进再生水回用工程建设和保障规划落实，2015 年 10 月厦门市政府正式发布了《厦门市城市再生水开发利用实施办法》（简称《办法》）。《办法》共九章四十七条，由总则、规划与建设、运营与维护、用户与用水、再生水水费、激励与保障措施、监督与管理、附则组成。《办法》明确厦门市市政园林局为再生水开发利用行政主管部门，负责《办法》的具体实施和监督管理；市再生水供水单位具体负责污水处理、再生水供应、利用和再生水供水设施的管理，并明确了从规划建设到运行维护等各阶段的相关责任单位和流程。

4. 存在问题

由厦门市的再生水利用现状可以看出，厦门市现有的已建污水再生处理工程实际使用情况非常不理想，其主要原因如下。

1）缺乏系统规划，建设项目各自为政，工程配套设施不完善

目前，厦门市尚无系统的再生水规划，缺乏各层次的规划指引，再生水的工程建设项目各自为政，缺乏统筹规划和管理，未能和城市给排水系统实现有效对接。同时，由于未考虑城市的整体近远期规划，工程配套设施建设不完善，场站与管网系统未配套，大部分再生水回用工程落入有投资、有建设，无运行、无效益的尴尬境地。

2）缺乏政策推动，政策法规不完善，投融资体制不健全

厦门市现在还没有针对再生水回用方面提出明确的鼓励政策，没有稳定规范的政府投资政策，缺乏有效的水资源管理机制，难以推动再生水回用。同时，再生水回用作为新兴公益型产业尚未具备市场融资能力，发展再生水回用产业没有资金保障。目前，厦门市建筑内部、小区和企业内部小型污水处理及污水再生回用设施由业主自筹资金建设，积极性较低；城市再生水系统建设资金未能落实到位，尤其是再生水配套管网系统建设所需的资金短缺已经成为污水再生处理设施发挥效益的主要瓶颈，从而导致目前厦门市虽然建设了不少污水再生处理工程，但缺乏配套再生水管网建设，导致污水再生处理站出水无出路而难以运行。

3）缺乏经济驱动，水价机制不合理，污水处理费分配不合理

供水是有成本的，包括水源的寻找、勘探、开采、输送、储存、净化等的费用，既有工程费、设施费，也有管理费、折旧费及税金等。在考虑满足基本需求的基础上，结合不同类型水资源的成本核算，适度提高自来水水价，以推进节约用水和优化水资源结构。目前，厦门市水价机制不合理，自来水水价偏低，阶梯收费政策有待完善，同时污水处理的分配也不尽合理，导致优质自来水水价低，而质量较差的再生水成本较高，难以从经济效益上鼓励人们合理利用再生水，造成再生水的浪费，不利节水和水资源的综合开发、利用。

4）缺乏有效监管，再生水利用相关运行、管理体系不完备

根据国内外相关经验，再生水可广泛应用于工业、农业与河湖补水，如何避免再生水利用对环境、农产品与公众健康的影响成为再生水回用工程运行过程中的一项重要工作。目前，厦门市还没有形成一套监控体系与管理制度，以确保再生水的广泛、安全利用。特别是数量较多的小型污水再生处理设施布局分散，缺乏有效的管理和监督机制，在投入大量的资金建设后，大多数污水再生处理设施不能保证正常运行，有的污水再生处理设施甚至建成后未运行。这造成大量资金、资源浪费，而片区污水未得到有效处理，也将导致环境的污染问题。

3.2 厦门市非常规水源分析

厦门市是一个沿海城市，境内河流源短流急，缺乏控制性水库工程。降水受台风影响强烈，往往是来得急、去得快。厦门市年降水总量不少，但集中在有限的几场台风登陆期间，境内河流大部分时间由于缺乏降水补给而呈干涸状态，无法提供稳定的供水。加之河流纵坡降大，缺乏建设水库的条件，雨洪资源的利用较为困难；海水淡化的成本又太高，经济上不合算，因此本节中厦门市非常规水源分析主要针对城市再生水。

3.2.1 再生水利用潜力分析方法

再生水利用潜力即可利用的污水量，而污水分别通过计算旱季污水量和雨季截流污水量来确定。

1）旱季污水量

旱季污水量=片区用水量(平均日)×排污系数。片区用水量（最高日）采用单位分项建设用地用水量指标法预测，各类用地用水量指标参照《福建省城市用水量标准》（DBJ/T 13-127-2010）和相关规划取值。

根据我国《城市排水工程规划规范》（GB 50318—2000）规定，城市工业废水排放系数 0.70～0.80。厦门市工业定位于光电子信息、临空产业等类型，工业污水有回收利用的空间，因此在规划期限内，工业用水的废水率采用0.75。综合生活污水定额均按用水量的 85% 计。地下水渗入量按 10% 计，日变化系数根据片区面积确定，取 1.2 ~ 1.5。

2）雨季截流污水量

旧城区现状管网以雨污混流为主，旧城人口密度大，建筑混杂，道路断面狭窄，对旧城区市政排水管道及居民污水接入管的改造将是长期的工作，旧城的污水收集必须考虑截污系统。

截流倍数 n_0 应根据旱流污水的水质、水量、排放水体的卫生要求、水文、气候、经济和排水区域大小等因素经计算确定，根据《室外排水设计规范》（GB 50014—2006）要求，截流倍数宜采用 2 ~ 5。截流倍数的选择，需要综合考虑环境与管线、设施的造价。厦门市整体生态较为脆弱，对污水的排入较为敏感，参照上海市对苏州河的截污系统运行效果来看，在截污倍数达到 3 左右时，基本能截留上游的污染物。因此，厦门市城市集中建设区截污倍数 $n_0 = 3$，村庄、乡镇截污系数取 $n_0 = 2$。

3.2.2 再生水量潜力预测

1. 本岛污水量预测

根据地形、地势、流域和现状污水排放方向，科学、合理地划分排水分区。按集中与分散相结合、提标排放、提高水资源综合利用率的布局原则，本岛污水排水分区根据污水处理设施的服务范围基本分为筼筜湖片区、前埔厂片区、湖里西片区、航空城北片区、高崎片区、五通片区、鼓浪屿片区 7 个排水分区。本岛旱季污水量按 74 万 m³/d 进行控制，雨季截流污水量约为 28 万 m³/d，全岛污水总量约为 102 万 m³/d，本岛各系统污水量详见表 3-12。

表 3-12　本岛远期污水量预测　　　　　　（单位：万 m³/d）

片区	旱季污水量	雨季新增截流污水量	总污水量
筼筜湖片区	18	12	30
前埔厂片区	36	12	48
湖里西片区	10	2	12
航空城北片区	1	1	2
高崎片区	4	—	4
五通片区	3.5	0.9	4.4
鼓浪屿片区	1	0.2	1.2
合计	73.5	28.1	101.6

2. 海沧区污水量预测

结合海沧区现状污水系统、最新调整的道路竖向标高及主要交通通道，按各污水设施汇流区域划分污水服务分区。海沧区远期污水量预测结果详见表3-13。

表3-13 海沧区远期污水量预测

用地性质	最高用水量/(万 m³/d)	平均用水量/(万 m³/d)	排污系数	平均污水量/(万 m³/d)
生活及公建	35.3	29.4	0.85	25.0
工业及仓储	17.2	14.3	0.75	10.8
地下水渗入量	总污水量的10%			3.6
合计	—			39.3

3. 集美区再生水量预测

根据地形、地势、流域、现状管网、现状排水方向、现状污水处理厂和污水泵站的设置，结合各规划片区已有规划，以后溪和杏林湾为界限分为2大片区：集美片区和杏林片区。在此基础上，两大片区又细分为26个排水分区。集美区各片区污水量预测结果详见表3-14。

表3-14 集美区各片区远期污水量预测

分区编号	分区名称	服务面积/km²	平均污水量/(万 m³/d)
1	后溪工业区1#分区	4.11	1.7
2	后溪工业区2#分区	0.71	0.2
3	后溪生活区	9.51	3.9
4	新站处理站分区	4.13	1.2
5	中洲泵站分区	2.80	0.9
6	大学城分区	11.51	4.4
7	东林工业区分区	1.69	0.8
8	集美旧城西部分区	2.98	1.2
9	集美旧城东部——侨英分区	14.74	6.9
10	灌北分区	5.62	2.0
11	汽车城分区	3.26	1.0
12	灌口镇区——工业分区	7.05	2.5
13	灌口北部生活区分区	3.76	2.0

续表

分区编号	分区名称	服务面积/km²	平均污水量/(万 m³/d)
14	软件园 1#分区	2.95	1.6
15	软件园 2#分区	1.61	0.8
16	软件园 3#分区	0.83	0.2
17	软三南侧——锦园分区	5.47	1.4
18	新城核心区分区	1.69	0.6
19	九天湖 B 分区	0.88	0.4
20	九天湖分区	1.26	0.65
21	九天湖 A 分区	2.69	1.3
22	中亚城——杏北西侧分区	6.35	2.8
23	杏南分区	12.25	5.9
24	前场 1#分区	2.35	0.25
25	前场 2#分区	4.63	1.0
26	马銮湾分区	5.75	1.7
合计		120.58	47.3

4. 同安区再生水量预测

据地形、地势及污水处理厂和污水泵站的设置,同安区基本分为 15 个排水分区。同安区各片区远期污水量预测结果见表 3-15。

表 3-15　同安区各片区远期污水量

序号	系统	片区	服务面积 /km²	平均旱季污水量 /(万 m³/d)	雨季污水量（含截流）/(万 m³/d)
1	同安污水处理厂	旧城、祥平东北部及城东西部	13.7	6.7	10.5
2		祥平西南部、城南北部及西湖	19.3	7.8	8.8
3		城南南部及四口圳	8.4	3.3	3.6
4	洪塘污水处理厂	洪塘北及城东东部	9.2	4.0	4.5
5		洪塘南西部	5.4	1.9	2.2
6		洪塘南东部	9.1	2.3	2.6
7	西柯污水处理厂	西柯	17.8	5.8	6.9
8		美峰组团	9.1	3.3	4.0
9	城北污水处理厂	城北	4.3	1.6	1.8

续表

序号	系统	片区	服务面积 /km²	平均旱季污水量 /(万 m³/d)	雨季污水量（含截流）/(万 m³/d)
10	布塘污水站	布塘	5.6	1.3	1.6
11	汀溪污水站	汀溪	6.2	1.3	1.6
12	五显污水站	五显	4.7	1.4	1.7
13	凤南污水处理厂	凤南	9.0	2.5	2.8
14	丙洲污水站	丙洲	3.3	0.7	0.9
15	莲花污水站	莲花	3.5	0.8	1.0
合计			128.6	44.7	54.5

5. 翔安区再生水量预测

根据地形、地势、流域和现状污水排放方向，科学、合理地划分排水分区。按分散处理、提标排放、提高水资源综合利用率的布局原则，本规划对《岛外污水专项规划——翔安分区》的污水分区做了调整，翔安北区污水全部就地提标处理，不再经翔安大道南调澳头，新增西炉、下潭尾、内田、东寮、东坑湾、大嶝浔窟六个分区。翔安区各片区远期污水量预测结果见表3-16。

表3-16　翔安区各片区远期污水量

分区	服务面积 /km²	旱季污水量 /(万 m³/d)	雨季村庄截流增污水量 /(万 m³/d)	雨季市政截流新增污水量 /(万 m³/d)	雨季污水总量 /(万 m³/d)
新圩北区	8.80	2.15	0.50	—	2.65
新圩南区	12.50	2.30	0.40	—	2.70
西炉区	12.80	7.00	0.50	—	7.50
下潭尾区	10.00	4.70	0.60	0.98	5.60
翔安北区	19.90	10.77	1.50	1.05	12.70
内田区	24.10	9.70	1.50	4.00	12.90
翔安中南区	66.00	27.33	1.90	1.57	30.00
东坑湾区	113.20	6.40	0.70	—	7.10
莲河区	20.00	6.80	0.73	—	7.50
大嶝浔窟区	8.30	3.50	0.20	—	3.70
	32.30	4.00	0.40	—	4.40
银鹭	1.90	0.60	0.12	—	0.72
合计	231.90	85.00	9.00	7.60	97.50

3.3 厦门市再生水利用方案

3.3.1 再生水利用模式

1. 再生水利用率

厦门市近远期再生水利用率以国家相关政策文件要求和各项荣誉城市要求为重要依据，结合厦门市具体情况，确定 2020 年再生水利用率≥20%，2030 年再生水利用率≥30%（表3-17）。

表 3-17　厦门市近远期再生水利用率

指标	2014 年	2020 年	2030 年
再生水利用率/%	<1	≥20	≥30
再生水利用率年增长率/%	—	103	4.5
污水排放量/(万 m³/d)	74	163	250
再生水利用量/(万 m³/d)	0.1	32.6	75
再生水新增利用量/(万 m³/d)	—	32.5	42.4

注：表中规模为平均日规模，污水排放量根据水资源战略规划中生活和工业用水量推算

2. 再生水水源

城市污水再生利用系统，包括集中型系统、就地（小区）型系统和建筑中水系统，应因地制宜，灵活应用。集中型系统通常以城市污水处理厂出水或符合排入城市下水道水质标准的污水为水源，经过集中处理，再生水通过输配管网输送到不同的用水场所或用户管网。就地（小区）型系统是在相对独立或较为分散的居住小区、开发区、度假区或其他公共设施组团中，以符合排入城市下水道水质标准的污水为水源，就地建立污水再生处理设施，再生水就近就地利用。建筑中水系统是在具有一定规模和用水量的大型建筑或建筑群中，通过收集洗衣、洗浴排放的优质杂排水，就地进行再生处理和利用。本章主要针对集中型系统，以城市污水处理厂出水为水源。

3. 厦门市再生水利用对象

结合再生水利用对象用水特点和其他城市再生水利用情况，厦门市再生水利

用方向如表 3-18 所示。重点利用方向为工业用水和环境用水。

表 3-18 厦门市再生水利用方向

用水对象	分类	利用建议
农林牧渔业用水	农田灌溉	专题研究后确定
	造林育苗	
	畜牧养殖	
	水产养殖	
城市杂用水	城市绿化	建议使用
	冲厕	建成区不建议使用，新建区公共建筑可示范使用
	道路清扫	建议使用
	车辆冲洗	不统一安排，通过水价调整等市场行为推进使用
	建筑施工	不建议使用
	消防	不建议使用
工业用水	冷却用水	重点使用
	洗涤用水	
	锅炉用水	
	工艺用水	
	产品用水	
环境用水	娱乐性景观环境用水	重点使用
	观赏性景观环境用水	
补充水源水	补充地表水	不建议使用
	补充地下水	

4. 再生水水质标准

1）国家再生水标准

国家发布了一系列再生水利用标准，对主要利用标准和国标一级 A 排放标准主要指标进行分析如下。

（1）污水处理厂尾水达国标一级 A 后，基本可安全作为观赏性景观河道用水。

（2）对于景观环境用水应进一步对国标一级 A 有关指标进行去除，使 BOD_5 ≤6mg/L、粪大肠菌群≤500 个/L。

（3）污水处理厂尾水达国标一级 A 后，用于农田灌溉相对比较安全，但应根据具体农业用水类别，进行水质对比，确保用水安全；可安全用于限制性绿地灌溉，对于非限制性绿地应进一步消毒使粪大肠菌群数≤200 个/L，确保用水安全。

（4）污水处理厂尾水达国标一级 A 后，不能直接用于地下水回灌，需要根据具体回灌方式，进一步去除大部分指标。

（5）污水处理厂尾水达国标一级 A 后，作为工业用水相对比较安全，但应根据具体工业用水类别，进行水质对比，确保用水安全。

（6）污水处理厂尾水达国标一级 A 后，出水进行消毒后使总大肠杆菌群数≤3 个/L，可直接回用于城市杂用。

2）厦门市再生水标准

参考国家标准和其他城市再生水回用标准，明确厦门市再生水标准如下。

（1）符合海域功能区划，有条件可排入规划入海排放口的污水厂，出水标准按国标一级 A 排放。

（2）河道生态补水以外的再生水回用标准，以国家标准为准。对于以再生水替代原水或者替代超纯水等有特殊水质要求的，则用户自行深度处理。

（3）河道生态补水和入河排放标准：根据厦门市人民政府 2015 年 11 月 10 日正式发布的《厦门市水污染防治行动计划实施方案》，"新（改/扩）建污水处理厂排入水体的污水，其排放标准达到或优于所排放水体的水环境功能区水质要求"。故污水再生处理厂河道生态补水和入河排放标准应达到或优于所排放水体的水环境功能区水质要求，具体指标建议由厦门市生态环境局综合海洋水环境容量和不同河流水质达标要求，参考国家和相关城市的再生水水质标准具体确定。

5. 再生水供水模式

西安市近期集中供水，远期分质分压供水；北京市采用分压供水方式，但水质采用统一标准；深圳市近期分质分压供水，远期采用分压供水方式，但水质采用统一标准。厦门市建议针对不同类型用户采用分质分压供水方式具体如下。

（1）建设独立的河湖补水低压系统，管道宜沿河岸绿带敷设，呈枝状布置；

（2）建设供工业、绿化、道路浇洒等用水的市政配水高压系统，沿城市道路敷设管道，主干管宜呈环状布置，次、支干管可以呈枝状布置。

3.3.2 污水再生处理厂总体布局方案

1. 再生水需求预测

再生水回用于农业灌溉应根据厦门市当地土壤和作物种植情况进一步论证，因地制宜地确定利用方案，本章先不考虑建设再生水回用于农业的工程。因此，以下将仅对再生水回用于城市杂用水、环境用水、工业用水、河道生态补水进行水量和水质需求分析。

1）城市杂用水和环境用水

城市杂用水范围包括居住建筑、公共建筑和工业企业非生产区内用于冲洗卫生器具、盥洗、清扫、洗车、浇洒住区草坪用水及中央空调冷却用水等。其中，居住建筑和公共建筑的冲厕用水约占生活总用水量的1/3，绿地浇灌、道路冲刷和洗车等用水约占城市生活总用水量的8%左右，此类非接触用水水质要求较低，可以考虑采用再生水替代。

厦门市有大量的广场绿地、道路绿化带，城市防护绿地、森林绿地、苗圃、植物园、环岛路绿带等绿地系统。目前，大部分的绿地浇洒都是直接用城市自来水浇灌，早晚各一次，采用自动喷洒和人工浇洒方式。污水处理厂出水经过深度处理后，水质完全可以用于绿地浇灌。同时，含有剩余氮、磷等营养元素的再生水用于绿地浇洒，既可以节约用水，又可以给草木提供丰富的营养，产生的经济效益、环境效益都很显著。2020年厦门市绿地浇洒及道路喷洒需水量预测如表3-19所示。

表3-19 2020年厦门市绿地浇洒及道路喷洒需水量预测

地区	本岛	海沧区	集美区	同安区	翔安区	合计
绿地面积/hm²	2194	656	1302	1185	1149	6486
绿地浇洒需水量/10^6 m³	4.3	1.3	2.6	2.3	2.3	12.8
道路面积/hm²	1540	1008	1190	1232	1190	6160
道路喷洒需水量/10^6 m³	2.2	1.4	1.7	1.7	1.7	8.6

远期2030年各区绿地和道路用地规模暂未明确。按现有空间布局规划图中绿地和道路用地规模预测2030年厦门市绿地浇洒及道路喷洒需水量预测见表3-20。

表3-20 2030年厦门市绿地浇洒及道路喷洒需水量预测

地区	本岛	海沧区	集美区	同安区	翔安区	合计
绿地面积/hm²)	2 222	1 959	3 426	3 395	5 455	16 457
绿地浇洒需水量/10^6 m³	4.4	3.9	6.8	6.6	10.9	32.6
道路面积/hm²	2 097	2 133	2 238	2 543	4 177	13 188
道路喷洒需水量/10^6 m³	2.9	3.0	3.1	3.6	5.8	18.4

城市杂用水较为分散，将再生水用于城市杂用水必须建立分质供水系统，以分别向用户提供优质的生活饮用水和低质的城市杂用水。根据厦门市的实际情况，在旧城区铺设再生水管网难度较大，成本较高，相对不经济；在新建地区的

公共建筑和集中工业区配套建设完善的再生水利用管网是现实可行的。具体再生水需求量此次案例不做预测。

在水质方面，再生水作为城市杂用水和环境用水，其水质应满足《再生水水质标准》（SL 368—2006）、《城市污水再生利用　城市杂用水水质》（GB/T 18920—2002）、《城市污水再生利用　景观环境用水水质》（GB/T 18921—2002）及《城市污水再生利用　绿地灌溉水质》（GB/T 25499—2010）等相关规范对再生水的水质要求。

2）工业用水

厦门市现状工业用水量占总用水量的近 1/3，且光电、化工、印染行业中冷却用水占有相当大的比例，考虑工业企业内部循环使用之外，冷却水补充用水量占工业总取水量的 30% 以上，这部分工业用水对水质要求较低，再生水能够满足其使用的水质要求。厦门市的工业用水量较大，且工业布局相对集中，便于分质供水，以再生水作为工业用水具有较高的经济效益，可视为再生水的重要集中用户之一。

根据《厦门市水资源战略规划（2015—2030 年)》，近期、远期工业用水需求量分高方案、低方案两个方案，近期、远期用于工业的再生水量暂按工业用水的 30% 预测，具体见表 3-21、表 3-22。本次预测量仅供初步参考，具体工业用水可替代量以后续各片区再生水专项规划为准。

表3-21　厦门市各水平年工业用水需求量（低方案）

水平年	GDP /亿元	工业增加值 /亿元	万元工业增加值用水量 /m³	工业需水量 /亿 m³	再生水替代量 /亿 m³
2014	3 273	1 240	11.8	1.46	—
2020	6 000	2 700	10.0	2.70	0.81
2030	13 000	5 200	8.0	4.16	1.25

表3-22　厦门市各水平年工业用水需求量（高方案）

水平年	GDP /亿元	工业增加值 /亿元	万元工业增加值用水量 /m³	工业用水量 /亿 m³	再生水替代量 /亿 m³
2014	3 273	1 240	11.8	1.46	—
2020	7 500	3 375	10	3.38	1.01
2030	16 000	6 400	8	5.12	1.54

在水质方面，再生水作为工业用水，其水质应满足《再生水水质标准》（SL 368—2006）和《城市污水再生利用　工业用水水质》（GB/T 19923—2005）

等相关规范对再生水的水质要求。同时，对于以再生水替代原水或者替代超纯水等有特殊水质要求的，用户自行深度处理。

3）河道生态补水

厦门市主要河道沟渠黑臭现象严重，枯水季节普遍断流，水系污染严重，水体环境质量没有达到功能区划要求，景观生态功能较差。在溪流河道整治过程中，河道生态补水的需水量十分可观，厦门市作为典型的缺水城市，将再生水作为河道生态补水是水环境治理的现实选择。

根据《水电水利建设项目河道生态用水、低温水和过鱼设施环境影响评价技术指南（试行）》中 Tennant 法要求，维持水生生态系统稳定所需的水量至少应为多年平均流量的 10%，适宜生态需水量为多年平均流量的 30%，最佳范围为60%~100%，具体如表 3-23 所示。

表 3-23　河湖水生态评价 Tennant 法

河湖流量值定性描述	推荐的基流占平均流量比例/%	
	一般用水期（10~次年3月）	鱼类产卵育幼期（4~9月）
最大	200	200
最佳范围	60~100	60~100
极好	40	60
非常好	30	50
好	20	40
中	10	30
差或最小	10	10
极差	0~10	0~10

根据表 3-23，为维持厦门市流域生态需水的最低要求，至少要保证 10% 的多年平均流量的来水量，适宜生态需水量为多年平均流量的 30%，有水库及水利设施控制处，以水利设施最小下泄流量作为生态需水量。厦门市各流域最小生态需水量及适宜生态需水量计算如表 3-24 所示。

表 3-24　厦门市溪流水系生态需水量计算

河流名称	流域名称	最小生态需水量/(m³/s)	适宜生态需水量/(m³/s)	年平均流量/(m³/s)
东西溪	莲花溪	0.273	0.819	2.729
	澳溪	0.258	0.773	2.576
	莲花水库坝址	0.546	1.637	5.458
	汀溪水库坝址	0.404	1.213	4.043

河流名称	流域名称	最小生态需水量/(m³/s)	适宜生态需水量/(m³/s)	年平均流量/(m³/s)
东西溪	汀溪	0.600	1.799	5.997
	东溪	0.447	1.340	4.465
	西溪（双溪口）	1.266	3.799	12.663
	东西溪合流口	1.713	5.138	17.128
后溪	石兜水库坝址	0.180	0.541	1.802
	苎溪	0.241	0.722	2.407
	许溪	0.155	0.466	1.553
	苎溪许溪合流口	0.396	1.188	3.960
	后溪	0.466	1.399	4.663
九溪	美山溪	0.007	0.022	0.073
	店头溪	0.024	0.071	0.238
	内田溪	0.069	0.207	0.690
	沙溪	0.020	0.060	0.199
	内头溪	0.016	0.047	0.156
	新坂溪	0.014	0.041	0.137
	上塘溪	0.007	0.020	0.068
	后房溪	0.018	0.055	0.182
	莲溪	0.091	0.273	0.910
	九溪	0.209	0.628	2.094
官浔溪	东岭水库坝址	0.007	0.022	0.073
	官浔溪	0.154	0.461	1.535
埭头溪	梧侣溪	0.024	0.071	0.235
	泥山溪	0.030	0.090	0.301
	埭头溪	0.088	0.263	0.877
	城南排洪沟	0.052	0.157	0.523
龙东溪	龙东溪	0.174	0.522	1.740
深青溪	深青溪	0.036	0.107	0.357
瑶山溪	瑶山溪	0.036	0.108	0.361
过芸溪	过芸溪	0.127	0.381	1.269

计算结果表明,厦门市九大溪流的最小和适宜生态需水总量分别为 26 万 m³/d 和 78 万 m³/d。以再生水作为河道生态补水的水量控制在 30 万~80 万 m³/d 是较为合理的。

其中,东西溪生态需水量为 14.8 万 m³/d(最小)~44.4 万 m³/d(适宜);后溪生态需水量为 4.0 万 m³/d(最小)~12.1 万 m³/d(适宜);九溪生态需水量为 1.8 万 m³/d(最小)~5.4 万 m³/d(适宜);官浔溪生态需水量为 1.4 万 m³/d(最小)~4.0 万 m³/d(适宜);埭头溪生态需水量为 0.8 万 m³/d(最小)~2.3 万 m³/d(适宜);龙东溪生态需水量为 1.5 万 m³/d(最小)~4.5 万 m³/d(适宜);深青溪生态需水量为 0.3 万 m³/d(最小)~0.9 万 m³/d(适宜);瑶山溪生态需水量为 0.3 万 m³/d(最小)~0.9 万 m³/d(适宜);过芸溪生态需水量为 1.1 万 m³/d(最小)~3.3 万 m³/d。水质需满足厦门市再生水标准。

2. 污水再生处理厂/站布局

1)布局原则

(1)以解决污水出路为主要目标,充分考虑现状污水排放口、现状污水收集系统完善程度、污水厂服务范围等情况。

(2)兼顾再生水用户分布,主要考虑河道生态补水、工业用户用水、绿化用水等。

(3)充分考虑污水处理和再生水利用工程现状和近远期衔接。

(4)特色工业区污水尽量就地分散处理回用,避免与生活污水混流。

2)总体方案对比分析

方案一。保留原有污水专项规划,集美区调污水至海沧区;翔安区北部调污水至翔安区南部。此外,杏林区污水厂、集美区污水厂、同安区污水厂、洪塘区污水厂、翔安区污水厂、西柯区污水厂提标改造至准四类地表水体标准,就近入河排放和实现再生水利用。占地采用紧凑用地控制原则,主要在原有控制用地基础上进行提标改造,基本无新增用地。

方案二。集美区不再调污水至海沧区;翔安区北部不再调污水至翔安区南部;就地分散处理回用。除海沧区污水厂、筼筜区污水厂、前埔区污水厂、澳头区污水厂外,其他处理设施均提标改造至准四类地表水体标准,就近入河排放和实现再生水利用。提标改造增加工程投资约 21 亿元;年均增加运营管理费用约 2.2 亿元,按 25 年计算,运营管理费增加约 55 亿元。占地采用紧凑用地控制原则,主要在原有控制用地基础上进行提标改造,基本无新增用地。

方案三。集美区不再调污水至海沧区,扩建杏林污水处理厂;翔安区北部不再调污水至翔安区南部,扩建翔安区污水厂。污水厂尾水处理至国标一级 A,尾水统一转输至入海排放口。

　　三个方案对比分析。方案三将所有尾水均远调至深海排放口，调水规模过大，实施难度非常大，故不考虑此方案。方案一和方案二从工程投资、占地、运营管理、对水体影响和对环境影响、尾水回用方面进行对比分析（表3-25）。从长远生态环境效益角度出发，推荐方案二。

表 3-25　方案一和方案二对比分析

项目	方案一	方案二	比较
工程投资	增加 18 亿元	增加 21 亿元	☑方案一 ☐方案二
对水体影响	分布紧凑，不利于溪流生态补水	适当分散，利于溪流生态补水	☐方案一 ☑方案二
对环境影响	均高于受纳水体水功能区划要求排入		☑方案一 ☑方案二
尾水回用	可实现污水再生处理厂周边再生水回用，但污水再生处理厂较为集中	污水再生处理厂分布分散，有利于就近回用	☐方案一 ☑方案二
运营管理	设施较为集中，管理和运营维护相对简单，年均增加运营费用1亿元	设施分散，个数多，部分污水再生处理厂规模较小，在一定程度上不利于运营管理，年均增加运营费用2.2亿元	☑方案一 ☐方案二
占地	占地采用紧凑用地控制原则，主要在原有控制用地基础上进行提标改造，基本无新增用地		☑方案一 ☑方案二
结论	两个方案各有利弊，从长远生态环境效益分析，推荐方案二		

注：本表投资均为粗略估算

3）本岛污水再生处理厂规划布局

　　鉴于本岛排污口和现状污水收集情况，筼筜污水处理厂污水再生处理厂规模为 10.0 万 m³/d，其他污水国标一级 A 排放；前埔污水处理厂预留污水再生处理厂规模为 5.0 万 m³/d，其他污水国标一级 A 排放；湖里、航空城、五通、高崎、鼓浪屿（4 座）、五缘湾湿地公园等污水再生处理厂污水均全部深度处理作为再生水水源，具体见表3-26。

表 3-26 本岛污水再生处理厂规划布局　　（单位：万 m³/d）

序号	污水处理厂/污水再生处理厂	现状规模	远期规模		主要回用方向和尾水出路	备注
			污水量	再生水		
1	筼筜污水处理厂	30 （国标一级 B）	30	10	①白鹭洲公园、南湖公园等周边公园景观水；②周边市政道路浇洒、冲沟、绿地浇灌；③尾水排海	新建
2	前埔污水处理厂	20 （国标一级 B）	40	5	①环岛路沿线道路浇洒、冲沟、绿地浇灌；②瑞景公园等周边公园景观用水；③尾水深海排放	提标改造
3	湖里污水再生处理厂	—	12	12	①湖里公园、仙岳山公园等周边公园景观用水；②周边市政道路浇洒、冲沟、绿地浇灌	新建
4	航空城污水再生处理站	—	2	2	航空城片区的道路浇洒、冲沟、绿地浇灌	已建
5	五通污水再生处理厂	—	4	4	①五通灯塔公园、五缘湾湿地公园等周边公园景观用水；②周边市政道路浇洒、冲沟、绿地浇灌	新建
6	高崎污水再生处理厂	—	4	4	市政杂用、周边公园、片区冲沟	新建
7	五缘湾湿地公园污水再生处理站	0.7	0.7	0.7	五缘湾湿地公园景观用水	已建
8~11	鼓浪屿 4 座污水再生处理站	0.34	1.4	1.37	鼓浪屿片区的道路浇洒、冲沟、绿地浇灌	扩建
合计			94.07	39.07		

4）海沧区污水再生处理厂规划布局

结合海沧区现状污水系统情况、再生水潜在用户分布和《马銮湾新城市政专项规划》，污水再生处理厂布局如表 3-27 所示。海沧污水处理厂保留污水处理规模 40 万 m³/d，污水按国标一级 A 于茶口洋排放口排放；暂不确定海沧污水处理厂再生水规模，后续根据具体需求确定。马銮湾污水再生处理厂、吴冠污水再生处理站、东孚污水再生处理站均全部深度处理作为再生水源。

表 3-27　海沧区污水再生处理厂规划布局　　（单位：万 m³/d）

序号	污水再生处理厂	现状规模	远期规模		主要回用方向和尾水出路	备注
			污水量	再生水		
1	海沧污水处理厂	10（国标一级 B）	40	—	—	已建
2	马銮湾污水再生处理厂	—	11	11	①马銮湾、过芸溪生态补水；②新阳工业区工业用水；③尾水受纳水体为马銮湾和过芸溪	新建
3	吴冠污水再生处理站	—	1.6	1.6	市政杂用、景观补水	
4	东孚污水再生处理站	—	1	1	过芸溪生态补水、市政杂用	
	合计		53.6	13.6		

注：表中规模均为旱季规模

5）集美区污水再生处理厂规划布局

从污水收集、转输和再生水利用等因素综合考虑，集美区污水不再转调海沧区，就地分散处理回用。集美区污水相关规划共设置 14 座污水再生处理厂，规模合计 48.8 万 m³/d，如表 3-28 所示。

灌北、前场 2 座污水再生处理厂为规划新建，规模合计 6 万 m³/d。灌北片区至下游污水系统基本未建，建议该片区新增灌北污水再生处理厂，规模为 3 万 m³/d。灌口镇区、汽车城分区原规划通过桥头泵站转输至海沧污水处理厂处理，鉴于下游转输系统未打通，建议就地分散处理。灌北、前场片区污水共计约为 3.5 万 m³/d，其中 0.5 万 m³/d 通过现状风景湖污水再生处理站处理后补充风景湖生态用水，3 万 m³/d 通过新增前场污水再生处理厂处理。

风景湖污水再生处理站保留现状规模。新城核心区、九天湖 A 和九天湖 B3 座现状分散污水再生处理站进行提标改造。风景湖现状已建风景湖污水再生处理厂，规模为 0.5 万 m³/d，建议保留现状。新城核心区、九天湖 A 片区和九天湖 B 片区远期污水量预测总计约 2.3 万 m³/d。这 3 个片区现状已分别建有分散污水处理设施，原污水规划远期仍纳入杏林污水处理厂系统。本次规划建议近期应充分利用已有污水处理设施，在原有基础上根据再生水利用标准和尾水排放需求提标改造。

九天湖污水再生处理厂规模由现状的 1.1 万 m³/d 扩至 3 万 m³/d，消纳软三南侧—锦园分区和九天湖分区远期污水，远期不再纳入杏林污水处理厂大系统。九天湖分区现状已建有分散污水处理设施，原污水规划远期仍纳入杏林污水处理厂系统，本次规划建议应充分利用已有污水处理设施，就地分散处理回用。锦园片区污水原规划纳入杏林污水处理厂处理，但杏林污水处理厂远期规模 10 万 m³/d 无法再扩建，处理容量不足，建议扩建九天湖污水再生处理厂规模至 3 万 m³/d，就地分散处理回用。

表 3-28 集美区污水再生处理厂规划布局 （单位：万 m³/d）

序号	污水再生处理厂	现状规模	远期规模		主要回用方向和尾水出路	备注
			污水量	再生水		
1	灌北污水再生处理厂	—	3	3	①机械工业集中区工业用水；②灌北片区道路浇洒、冲沟、绿地浇灌	新建
2	风景湖污水再生处理站	0.5	0.5	0.5	风景湖生态补水	提标改造
3	后溪工业组团污水再生处理站	2	2	2	①后溪工业组团工业用水；②后溪工业区道路浇洒、冲沟、绿地浇灌	提标改造
4	三南污水再生处理站	1	2	2	①灌口东部公园景观用水和许溪生态补水；②灌口北部生活区道路浇洒、冲沟、绿地浇灌；③尾水受纳水体为许溪	提标改造
5	新站污水再生处理站	1.5	1.5	1.5	①新站内城市杂用水、绿化、冷却用水等；②尾水受纳水体为邻近后溪支流	提标改造
6	软件园 2# 污水再生处理站	—	1.0	1.0	①软件园区内绿化、城市杂用水、冷却用水等；②许溪生态补水	新建
7	软件园 1# 污水再生处理站	1.6	1.6	1.6	①软件园区内绿化、城市杂用水、冷却用水等；②后溪生态补水	提标改造
8	前场污水再生处理厂	—	3.0	3.0	①机械工业集中区工业用水；②灌口镇区道路浇洒、冲沟、绿地浇灌	新建
9	九天湖污水再生处理厂	1.1	3.0	3.0	①九天湖生态补水；②九天湖、新城核心区和锦园等片区道路浇洒、冲沟、绿地浇灌	提标改造
10	九天湖 A 污水再生处理站	2	2	2		提标改造

序号	污水再生处理厂	现状规模	远期规模		主要回用方向和尾水出路	备注
			污水量	再生水		
11	九天湖 B 污水再生处理站	0.18	0.4	0.4	①九天湖生态补水；②九天湖、新城核心区和锦园等片区道路浇洒、冲沟、绿地浇灌	提标改造
12	新城核心区污水再生处理站	0.8	0.8	0.8		提标改造
13	杏林污水再生处理厂	6 (国标一级 A)	10	10	①马銮湾生态补水；②宁宝公园景观用水；③杏南、杏北片区道路浇洒、冲沟、绿地浇灌	提标改造
14	集美污水再生处理厂	9 (国标一级 A)	18	18	①杏林湾生态补水；②集美北部工业区工业用水；③集美旧城、大学城等片区道路浇洒、冲沟、绿地浇灌	提标改造
	合计		48.8	48.8		

6）同安区污水再生处理厂规划布局

结合现状污水收集系统和再生水潜在用户分布情况，同安区新建或提标改造 11 座污水再生处理厂，规模合计 55.9 万 m³/d（表 3-29）。其中，布塘片区原规划通过南北转输干管纳入洪塘污水处理厂处理，但现状布塘片区已基本为建成区，而原规划下游污水系统和洪塘污水厂均未建成，建议在布塘片区新增污水再生处理厂，规模为 1.6 万 m³/d，再生水回用于工业园区内或达标后排放。城北片区原规划纳入同安污水处理厂处理，但旧城截污管道系统容量不足，建议新增城北污水再生处理站，规模为 1.8 万 m³/d，再生水可回用于东西溪生态补水和城北市政杂用。

表 3-29　同安区污水再生处理厂规划布局　　　　（单位：万 m³/d）

序号	污水再生处理厂	现状规模	远期规模		再生水主要回用方向和尾水出路	备注
			污水量	再生水		
1	同安污水再生处理厂	10 (国标一级 B)	20	20	①东西溪、埭头溪生态补水；②城南工业区、同安工业集聚区工业用水；③旧城、祥平、城南等片区道路浇洒、冲沟、绿地浇灌	提标改造

续表

序号	污水再生处理厂	现状规模	远期规模		再生水主要回用方向和尾水出路	备注
			污水量	再生水		
2	西柯污水再生处理厂	—	13.5	13.5	①官浔溪、埭头溪生态补水；②轻工电子工业区工业用水；③西柯片区道路浇洒、冲沟、绿地浇灌	新建
3	洪塘污水再生处理厂	—	10	10	①龙东溪生态补水；②洪塘石材工业区、火炬同安东部新兴产业基地和城东工业区工业用水；③洪塘片区道路浇洒、冲沟、绿地浇灌	新建
4	莲花污水再生处理厂	—	1	1	莲花片区道路浇洒、冲沟、绿地浇灌	新建
5	汀溪污水再生处理厂	0.35（国标一级A）	1.6	1.6	汀溪片区道路浇洒、冲沟、绿地浇灌	提标改造
6	五显污水再生处理厂	0.5（国标一级A）	1.7	1.7	①东溪生态补水；②大轮山、梅山风景区景观用水；③五显片区道路浇洒、冲沟、绿地浇灌	提标改造
7	布塘污水再生处理厂	—	1.6	1.6	①东溪生态补水；②银鹭工业区、火炬同安东部新兴产业基地工业用水；③布塘片区道路浇洒、冲沟、绿地浇灌	新建
8	凤南污水再生处理厂	—	2.8	2.8	①官浔溪生态补水；②同安工业集聚区（凤南片）工业用水；③凤南片区道路浇洒、冲沟、绿地浇灌	新建
9	丙洲污水再生处理厂	—	0.9	0.9	丙洲片区道路浇洒、冲沟、绿地浇灌	新建
10	科技创新园污水源示范工程	—	1	1	①美峰组团内水体生态补水；②美峰组团内道路浇洒、冲沟、绿地浇灌；③尾水受纳水体为美峰片区景观水体	新建

序号	污水再生处理厂	现状规模	远期规模		再生水主要回用方向和尾水出路	备注
			污水量	再生水		
11	城北污水再生处理厂	—	1.8	1.8	①旧城道路浇洒、冲沟、绿地浇灌；②东西溪生态补水	新建
	合计		55.9	55.9		

7）翔安区污水再生处理厂规划布局

从污水收集、转输和再生水利用等因素综合考虑，翔安北区 16 万 m³ 污水不再长距离转输至翔安中南区，就地分散处理回用。

翔安区共规划污水再生处理厂 10 座，污水厂 1 座，总规模为 95.9 万 m³/d，污水再生处理厂总规模为 59.9 万 m³/d（表 3-30）。其中，西炉、内垵、内田、东坑湾、窗东、下潭尾等片区污水原规划转输至澳头污水处理厂，污水量约为 30 万 m³/d，本规划结合火炬翔安工业区、市头产业区等工业区分布，新增西炉、内田、东坑湾、下潭尾 4 座污水再生处理厂，规划规模分别为 7 万 m³/d、10 万 m³/d、8 万 m³/d、5 万 m³/d，规模合计 30 万 m³/d。澳头污水处理厂规模相应调整为 36 万 m³/d。其中，东坑湾片区为远期发展片区，土地利用规划可能会发生较大改变，污水量也会发生较大改变，后续随土地利用规划调整相应调整东坑湾污水再生处理厂规模和用地面积，暂按 8 万 m³/d 控制。

表 3-30　翔安区规划污水再生处理厂布局　　（单位：万 m³/d）

序号	污水再生处理厂/污水处理厂	现状规模	远期规模		再生水主要回用方向和尾水出路	备注
			污水量	再生水		
1	银鹭污水再生处理厂（企业）	3.2（国标一级 A）	3.2	3.2	①银鹭工业区工业用水；②龙东溪生态补水；③新圩片区道路浇洒、冲沟、绿地浇灌；④郭山公园景观用水	扩建、提标改造
2	新圩污水再生处理厂	0.55（国标一级 A）	2.2	2.2		
3	西炉污水再生处理厂	—	7	7	①火炬翔安产业区工业用水；②龙东溪生态补水；③西炉片区道路浇洒、冲沟、绿地浇灌	新建
4	下潭尾污水再生处理厂	—	5	5	①火炬翔安产业区工业用水；②下潭尾湾生态廊道景观用水；③下潭尾湿地公园生态补水	新建

续表

序号	污水再生处理厂/污水处理厂	现状规模	远期规模		再生水主要回用方向和尾水出路	备注
			污水量	再生水		
5	内田污水再生处理厂	—	10	10	①火炬翔安产业区、市头片区工业用水；②内田溪生态补水；③内田片区道路浇洒、冲沟、绿地浇灌	新建
6	翔安污水再生处理厂	5（国标一级 B）	10	10	①火炬翔安产业区工业用水；②东坑湾公园景观用水和生态补水；③黎安、火炬片区道路浇洒、冲沟、绿地浇灌	提标改造
7	东坑湾污水再生处理厂	—	8	8	①东坑湾规划水系生态补水；②东坑湾片区道路浇洒、冲沟、绿地浇灌	新建
8	莲河污水再生处理厂	—	7	7	①莲河片区航空工业区杂用水；②莲河片区规划水系生态补水；③莲河片区道路浇洒、冲沟、绿地浇灌	新建
9～10	大嶝 2 座污水再生处理厂	—	7.5	7.5	①机场和航空工业区杂用水；②大嶝片区道路浇洒、冲沟、绿地浇灌；③围场河生态补水	新建
11	澳头污水处理厂	1（国标一级 B）	36	—		新建
合计			95.9	59.9		

3. 用地控制原则

1）控制原则

污水再生处理厂用地按两级用地控制。第一级为污水处理至国标一级 A 出水的占地；第二级为国标一级 A 出水深度处理至再生水回用标准或排放标准占地。

再生水开发利用量和利用种类具体应由再生水公司寻找用户后确定，现阶段无法明确。为充分保障再生水开发利用可能需求和保护水环境，借鉴北京市和西安市经验，第二级用地按处理至准Ⅳ类地表水体进行用地预留，同时为避免土地浪费，用地指标按紧凑用地考虑。

2) 控制指标确定

（1）第一级占地控制指标。

采用规范和案例分析法综合确定第一级占地控制指标。规范根据《城市生活垃圾处理和给水与污水处理工程项目建设用地指标》，占地控制指标见表 3-31；本案例主要收集对比了广州市、深圳市和北京市的部分国标一级 A 出水污水处理厂占地数据，详见表 3-32。最终从地下式和地上式两方面确定指标。地下式：考虑城市规划建设区和现状建成区用地紧张，部分污水再生处理厂可结合具体情况采用地下式建设形式，地下式污水再生处理厂地下占地按 0.2～0.5hm²/万 t 控制用地；地上结合绿地建设小品建筑等。地上式：本着紧凑用地控制原则，地上式污水再生处理厂地上占地按 0.4～0.8hm²/万 t 水控制用地。其中，5 万 t/d 以下规模污水处理厂建议取上限按 0.8hm²/万 t 水控制用地；5 万～10 万 t/d 规模污水处理厂按 0.6 万～0.7hm²/万 t 水控制用地；10 万～20 万 t/d 规模污水处理厂建议按 0.5～0.6hm²/万 t 水控制用地；20 万 t/d 以上规模污水处理厂建议按 0.4～0.5hm²/万 t 水控制用地。

表 3-31　污水处理工程项目建设用地指标

规模/（万 t/d）	一级处理污水厂/hm²	二级处理污水厂/hm²	深度处理/hm²
50～100	—	25～45	—
20～50	6～10	12～25	4.0～7.5
10～20	4～6	7～12	2.5～4.0
5～10	2.25～4	4.25～7.00	1.75～2.5
1～5	0.55～2.25	1.20～4.25	0.55～1.75

（2）第二级占地控制指标。

目前尚无相关规范，采用案例分析法确定第二级占地控制指标。以北京市四个水厂为例，具体见表 3-33。另外项目专门针对此项占地咨询了深圳水务、北排集团、中联环等相关单位专家，认为从国标一级 A 出水处理至准Ⅳ类水体出水标准，占地面积在第一级占地基础上新增 20%～30%。

（3）湿地占地控制指标。

根据专家咨询会咨询结果，人工湿地因占地大，处理效率低，有条件的地方可作为后续补充处理措施，不宜过度夸大其作用。因此，再生水厂应在出厂前达到相应出水标准，人工湿地仅作为后续补充处理措施。国内其他准Ⅳ类水体出水人工湿地污水处理工程情况汇总见表 3-34。各再生水厂可结合周边水体分布在具备相应条件情况下补充设置后续人工湿地，本案例不对湿地面积进行统一控制。

表 3-32 国内其他已运行国标一级 A 出水污水处理厂情况汇总

城市	污水处理厂名称	年份	规模/(万 t/d)	出水标准	建设形式	单位占地/(hm²/t)	工艺	单位投资/(元/t)
广州市	京溪地下净水厂	2010	10	国标一级 A	全地下式双层加盖	0.18	膜生物反应器	5800
	国际生物岛再生水厂	—	1	—	全地下式双层加盖	1.27	CASS-CMF（连续微滤）	—
深圳市	布吉污水处理厂	2011	40	国标一级 A	全地下式双层加盖	0.15	A2O一生物膜	4750
	滨河污水处理厂	2010	18	国标一级 A	下沉式加盖封闭	0.36	A2O/微絮凝深度处理工艺	—
	西丽再生水厂	2009	5	国标一级 A	半地下式双层	0.47	曝气生物滤池+高密度沉砂池	3400
北京市	高碑店污水处理厂	1999	100	国标一级 A	地面	0.27	A/O	1048

表 3-33 国内其他准 IV 类水体出水污水处理厂情况汇总

城市	水厂名称	建设时间/年	规模/(万 t/d)	出水标准	建设形式	占地/hm²	单位占地/(hm²/t)	工艺
北京	清河再生水厂	—	—	准四类水体	地面	40	0.73	A2/O+深度过滤
	清河第二再生水厂（在建）	2015	55		半地下全封闭	35	0.70	A2/O+砂滤
	定福庄再生水厂（含垡头）	2015	50		地面	37	1.23	预处理+A²/O+垂直潜流
	高安屯再生水厂	2015	20		地面	27	1.35	预处理+A²/O+砂滤

注：以上占地数据含前期预处理和处理至国标一级 A 出水标准占地

表 3-34 国内其他准 IV 类水体出水人工湿地污水处理工程情况汇总

名称	年份	规模/(万 t/d)	出水标准	进水	单位占地/(hm²/万 t)	工艺
江川县渔村大河人工湿地	2004	1	地表四类	农村生活污水+农业面源污染	1.3	氧化塘+水平潜流
玉溪市九溪人工湿地	2008	1	水要求	富营养化污水	1.5	氧化塘+水平潜流+垂直潜流
江川人工湿地	2003	0.1	地表三类	富营养化污水	1	氧化塘+水平潜流
高安屯再生水厂	2015	20	水要求	地面	1.35	预处理+A²/O+砂滤

3.3.3 方案实施对原有污水系统及环境影响分析

1. 对原有污水系统调整分析

对《厦门市污水专项规划》进行了部分调整，主要为以下几点。

第一，集美区原规划转输至海沧区污水处理厂的污水（14万 t/d），调整为就地分散处理不再转输，相应新增污水再生处理厂2座（灌北污水再生处理厂和前场污水再生处理厂，规模合计6万 t/d）；扩建1座污水再生处理厂（九天湖污水再生处理厂，1.1万 t/d扩至3万 t/d）；现状5座分散污水设施原规划远期纳入杏林污水处理厂，现调整为保留现状分散污水设施。

第二，翔安区北部原规划转输至南部澳头污水处理厂的16万 t/d污水，调整为就地分散处理不再转输，相应新增污水再生处理厂3座（内田污水再生处理厂、下潭尾污水再生处理厂、西炉污水再生处理厂）。另外，鉴于东坑湾片区生态用水量较大且现状污水收集系统未建，新增东坑湾污水再生处理厂（8万 t/d），就地分散处理后回用，不再纳入澳头污水处理厂。澳头污水处理厂规模相应调整为36万 t/d。

第三，同安区布塘片区原规划纳入洪塘污水处理厂，因下游污水系统和污水厂建设严重滞后，调整为新增布塘污水再生处理站（1.6万 t/d），就地分散处理后回用。城北片区污水原规划纳入同安污水再生处理厂，考虑旧城截污系统容量不足，调整为新增城北污水再生处理站（1.8万 t/d），就地分散处理后回用。

2. 对城市河湖水循环影响分析

厦门市主要河道沟渠黑臭现象严重，枯水季还时常出现断流现象，景观效果较差，再生水可为厦门市河湖水环境治理提供大量水源，既能促进厦门河湖水循环，又能极大地减少外部调水的成本。经过处理的再生水水质达标，有利于厦门水环境的治理。

3. 对海洋环境影响分析

厦门市现状污水处理厂排放标准为国标一级 B，污水处理厂提标改造为污水再生处理厂后，排放标准比原有标准严格，入河和入海污染物将在一定程度上减少，能够起到减排作用，有利于改善海洋环境。具体影响建议在市环保部门制定厦门市地方性的城镇污水处理厂污染物排放标准和再生水水质标准的同时开展环评分析。

3.4 方案实施的政策机制保障

3.4.1 用地控制

再生水开发利用建设用地应纳入城市总体规划和土地利用总体规划，确保用地落实。后续市政专项或控规开展过程中，应按确定的用地控制原则，按两级用地分别进行控制（第一级为污水处理至国标一级 A 出水的占地；第二级为国标一级 A 出水深度处理至再生水回用标准或排放标准占地），并结合片区具体情况，落实污水再生处理厂用地红线，按城市黄线管理办法进行管理和控制。

3.4.2 政策法规配套

针对再生水开发利用，厦门市尚未形成一套监控体系与管理制度。应结合《厦门市城市再生水开发利用实施办法》出台相应的实施细则，尽快制定一套从规划、建设、运营主体到监督的完善、有效的组织保障体系，确保再生水的广泛、安全利用。另外，为鼓励工业企业利用再生水，厦门市政府应尽快出台相应配套政策，并明确政策补贴等实施细则。

3.4.3 水价制定

厦门市水价机制不合理，自来水水价偏低，阶梯收费政策有待完善，同时污水处理的分配也不尽合理，导致优质自来水水价低，而质量较差的再生水成本较高，难以从经济效益上鼓励人们合理利用再生水，不利于节水和水资源的综合开发、利用。目前，厦门市正在进行自来水水价调整，已通过厦门市市政府常务会议审议通过，待正式发布。

市价格主管部门应依照法定程序，核算再生水利用的合理成本作为定价的基础，结合厦门市现行水价机制和水资源条件，紧跟国家政策，合理制定再生水价格体系，明确再生水价格，以期通过价格杠杆促进再生水利用。

3.4.4 建设与投资机制

目前，关于再生水开发利用的投资体制和建设模式尚不明确。应由再生水行政主管部门会同发改、财政等部门开展专题研究后，报市政府审核后确定。该项工作时间紧迫，直接影响再生水开发利用工程的推进进度，应及时开展。

北京市、深圳市、西安市、天津市等城市具体情况：北京市于 2013 年成立了北京水务投资中心，该中心是经北京市政府批准成立的北京市人民政府国有资产监督管理委员会下属一级全民所有制企业，职能为负责本市水务基础设施，包括中小河道治理工程、再生水利用工程、雨水蓄积工程、污水治理工程等建设内容和北京市南水北调配套工程的投融资工作，负责开展银行贷款及债券等金融产品的统贷统还工作。深圳市主要采用"供水企业投资建厂，政府配套建设厂外再生水管网，再生水费由政府核拨给供水企业"的建设投资模式。西安市市区污水处理厂基本实现厂网分离，污水处理厂部分实行政府和社会资本合作（public-private partnership，PPP）模式全部社会化运营。排水集团组建再生水公司，以污水处理厂国标一级 A 出水为原水进行简易深度处理，并负责寻找用户推广再生水利用，政府负责配套再生水管网设施投资，再生水公司向用户收取费用。天津市形成了"供水企业投资建厂、政府配套建设干管、开发商投资建设区内管网、工厂自行管网配套"的再生水工程建设投资模式。

借鉴北京市、深圳市、西安市、天津市等城市已有经验，本次案例建议如下，但具体仍应由再生水行政主管部门会同发改、财政等部门提出并报市政府研究后确定。①可采用常规做法，借鉴天津市建设投资机制，即供水企业投资建厂、政府配套建设干管、开发商投资建设区内管网、工厂自行管网配套。②可尝试 PPP 模式，在保障政府投入的基础上，逐步建立与完善政府主导、市场推进、社会参与、多元投入的融资机制，同时完善相关的政策指导体系，出台 PPP 模式的相关实施方案指引。

PPP 模式再生水项目的主要参与主体包括：公共部门、私人部门及其他利害关系者，其他利害关系者主要包括项目公司、金融机构、用户等（图3-7）。

公共部门（通常指政府或其指定的公司）是 PPP 模式再生水项目的发起人，但通常并不参与项目的经营和管理，而是通过贷款担保或者对项目进行部分投资并与项目公司签订特许经营权合同，来支持项目建设和运营。在大多数模式下，公共部门是项目的最终所有者，在 PPP 模式的实施过程中，它的职能主要包括项目的选择和确定、项目直接投资和监管、提供信用担保和承担项目风险、提供法律保障和政策支持。

私人部门在我国 PPP 模式中是个泛指的概念，与公共部门相对。我国以公有制为主，所以在我国 PPP 模式中只要不是政府公共部门都可称为私人部门，包括社会资本、国有企业、外资企业及个人资本等。特别目的公司（special purpose company，SPC）是一个专门组织起来的项目公司，是 PPP 模式项目的具体实施

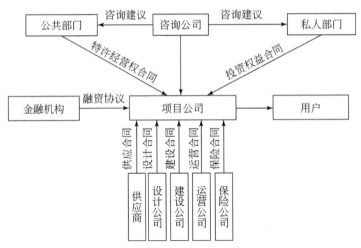

图 3-7 PPP 模式再生水项目主要参与主体结构关系图

者，由政府和私人或者私人联合体组成。SPC 取得项目特许经营权，负责从项目的融资、设计、建设和运营直至项目最后的移交的全过程。

其他利益相关者包括用户、金融机构、设计公司、施工单位、供应商及咨询公司等，项目的成功运作需要 SPC 和各合作方的协调和紧密合作。再生水项目的用户是社会大众（现阶段主要是炼钢厂、火电厂、园林绿化等用水大户），SPC 通过向用户收取费用获得项目的收益。用户根据使用再生水水量向 SPC 付费，并可以对项目服务和产品进行监督。

参照 PPP 模式的一般运作模式，再生水项目 PPP 模式的运作可以进行四个阶段的划分：前期分析、确定 SPC、建设运营、项目移交，见图 3-8。

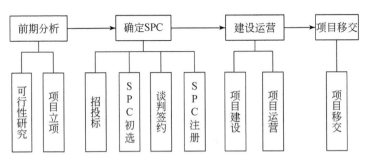

图 3-8 PPP 模式运作程序

前期分析阶段：对再生水项目能否民营化进行可行性研究，对项目吸引力、私人部门的风险承受能力等进行综合评估。在确认项目可行以后，政府应该开始组织招标同时对参与到项目中的民营企业进行评估。

确定 SPC 阶段：政府根据项目目标和建设的具体要求制作招标文件，并按照招投标的程序进行每一步工作。政府及其相关部门在招投标过程完成后组成评估小组进行专业评审，评估小组包括法律、经济、技术等各方面专业人士，评估小组对项目候选者进行评估，初步选择一个或者几个暂定项目中标者。在暂定项目中标者后，政府与暂定项目中标者进行详细谈判，对于再生水项目通常会对水价、项目风险分担、市政管网配套等详细谈判。由于 PPP 模式再生水项目以大量合同为基础，通常 PPP 模式再生水项目的合同谈判要花费很长时间，谈判过程繁杂。合同谈判涉及很多方面，合同谈判中难免会有很多相互冲突，因而政府可能无法与之前暂定项目中标者进行签约，这时政府就会转移到第二候选者，继续谈判，以此类推到项目成功签订协议。完成谈判后，中标的 SPC 应根据合同约定成立公司等相关事宜，包括注册资金，公司章程等。政府按相关规定和要求，与 SPC 签订特许经营权合同。

建设运营阶段：对项目进行初步融资后，项目承建方开始对项目建设，随着项目建设的逐步推进，根据项目融资的方案，完成剩余融资工作。项目建成后进行验收，验收合格后可投入使用，即项目进入运营期。从项目开始运营到项目特许经营权合同期满，SPC 直接运营或者委托专业管理公司进行运营。在整个运营期间，SPC 收回成本并获得适当的利润，根据合同约定将获得收益归还贷款、分配等。

项目移交阶段：在项目特许经营期满后，SPC 必须按照特许经营权合同中规定的质量将项目移交给政府或政府委托的机构。项目运营阶段，SPC 一般在收回成本的同时获得了合理的利润，所以项目移交一般是无偿移交或者象征性地收取一定移交费用。如果项目各方都达到了满意的效益，可以谈判协商，继续签订运营管理协议。对于 SPC 的清算，根据 SPC 与政府签订的协议不同，可以对 SPC 进行清算，也可不清算。

3.4.5 运营机制

目前，国内再生水运营维护体系处于探索阶段，尚无成熟机制可参考。厦门市可借鉴北京市、西安市、天津市、深圳市等城市已有经验，结合厦门市具体市情，由再生水行政主管部门专项研究后明确。

下述北京市、西安市、深圳市等城市具体情况，以供相关部门参考。

北京市：中心城继续以集中统一运营维护为主，强化排水运营维护的系统化和专业化；新城建立相对集中统一的运营维护模式，建立专业化的运营维护队伍，强化资源整合、统一管理、专业养护；乡镇、村采取委托运营等方式，建立社会化的专业运营维护体系。

深圳市：原则为分散式再生水利用项目由其产权人自行管理和维护。政府投资建设的集中式再生水利用项目通过招标投标、委托等方式确定符合条件的经营者，经营者应当具备与从事再生水经营活动相适应的资金和设备。按照此原则，深圳市目前再生水运营维护情况为原特区内再生水工程由深圳水务（集团）有限公司通过取得特许经营权进行经营维护；特区外有多家水务公司通过取得特许经营权或建设-经营-转让（build-operate-transfer，BOT）模式进行经营维护。

西安市：污水处理厂部分实行 PPP 模式全部社会化运营，水务集团组建再生水公司，负责运营维护。

本方案建议厦门市政府投资建设的公共再生水设施由厦门市再生水行政主管部门通过招标投标、委托等方式确定符合条件的运营单位，运营单位应当具备与从事再生水经营活动相适应的资金和设备。运营单位可采用招标方式，委托专业养护单位进行再生水设施的养护。再生水设施养护招标按国家有关规定执行。招标结果报厦门市再生水行政主管部门备案。其中，建议现有水务集团污水处理厂污水再生处理厂仍由水务集团运营，新增污水再生处理厂通过 PPP 模式、招标投标等公平竞争机制明确运营体制。具体应由厦门市再生水行政主管部门专题研究提出并报厦门市政府研究后确定。

第4章 | 山西省非常规水利用方案

山西省是全国缺水最为严重的省份之一，水资源的短缺已经成为全省经济发展、城市化进程和人民生活水平进一步提高的主要制约因素。近年来山西省资源性缺水、因煤炭开采及煤化工造成的水质性缺水、地面沉陷等问题频繁出现并日益加剧；随着经济的飞速发展、城镇化速度加快和人民生活水平的不断提高，山西省需水量急剧上升，水资源的供需失衡状况更加严峻，国民经济可持续发展对水资源的可持续利用要求也越来越迫切。尽管各级政府为缓解当地水资源供需矛盾，在城镇废污水处理回用、矿井水利用、雨水集蓄利用等方面做了大量的工作，但受非常规水源开发利用技术水平的限制，加之意识落后和管理方面的漏洞，和国内外先进水平相比，山西省非常规水源的利用潜力还远未发挥出来。亟须开展非常规水利用方案研究，提高非常规水源利用比例，推进全社会用水结构的转变，改善水生态环境，实现水资源可持续利用，建设资源节约型和环境友好型社会。

4.1 山西省概况

4.1.1 自然地理与社会经济

山西省位于黄土高原东翼，煤炭储量丰富，水资源却十分匮乏，纵观各种地形地貌占山西省土地面积比例，70%以上均为山地，其次是盆地，所占比例约为15%，其余部分为高原。盆地地区土地肥沃，是山西省城市和人口主要聚集的区域。山西省总体呈现多山少川、多煤少水，以及水土流失和环境破坏严重的特征。山西之长在于煤，山西之短在于水。

历史上的山西省曾经是森林茂密、气候宜人的好地方，然而由于气候和人为因素，中华人民共和国成立以来，山西省植被覆盖率一直位居全国靠后位置，中华人民共和国成立初期山西省森林覆盖率仅为2.4%，近年来相关部门对植树造林工作逐渐重视，2016~2018年，山西省累计造林超1378万亩，全省累计投入林业生态建设资金达154.17亿元。《2017年全国生态气象公报》显示，山西省植被生态质量改善为全国最快。据山西省统计局统计公报显示,截至 2018 年底,森林覆盖率已达 20.5%,预计到 2025 年森林覆盖率可达到 26%。

山西省地层发育较为完整,除缺失奥陶系上统至石炭系下统及白垩系中、下统外,其余各系地层均有分布,特殊的地质构造及地貌特征使山西省河流多以辐射状延伸。碳酸盐岩地层分布较广,由碳酸盐岩形成的岩溶含水层及补水构造,经过复杂的转化成为许多岩溶大泉,泉水径流量占地表水径流量比例大且受岩溶水补给的河流基流量也较大。

山西省地跨温带和暖温带两个气候区,属温带大陆性季风气候,是半湿润与半干旱的过渡区域。春季干旱多风,蒸发量较大;夏季盛行东南风,降水主要集中在汛期的 7 月、8 月、9 月,汛期的总降水量占全年降水量的 65% ~ 80%;山西省的秋季温和而晴朗;冬季雨雪比较稀少,干燥寒冷。山西省地形多变,南北气候差异较大,降水量自东南向西北逐渐递减,多年平均年降水量集中在 400 ~ 600mm,局部地势较高地区的多年平均年降水量在 650mm 以上。总体上,山西省光照较为充足,水热组合较好,但旱灾时有发生,旱灾是山西省主要自然灾害之一。旱灾出现的次数多,持续时间长,对农业影响大,有时会出现连续旱灾的情况。

山西省分属黄河、海河两大流域,位于海河流域的上游及黄河流域的中游,山西省河流总体上属于自产外流型水系,绝大多数河流呈辐射状分布在省内,并最终流入省外河流。年径流主要集中在汛期的 7 月、8 月、9 月,枯水期径流量小,洪水期洪水涨落起伏大且水流泥沙含量高。除流经山西省的黄河外,集水面积较大的河流有三川河、昕水河、汾河、涑水河、沁河、丹河、桑干河、滹沱河、清漳河和浊漳河,其中前六条属于黄河流域,后四条属于海河流域。

由于历史原因和经济发展及人为因素等多种因素共同作用,山西省生态系统脆弱性高,水土流失严重。全省水土流失面积约占全省总面积的 70% 以上。山西省全省多年平均年输沙量为 4.56 亿 t,多年平均年输沙模数为 3000t/km²,在水土流失最严重地区甚至高达 20 000t/km²。遥感数据显示,山西省水土流失面积位居全国前列,且中度及以上侵蚀面积比例较高。

山西省是中华文明和华夏文化重要的发祥地之一,有着悠久的历史和丰富的文化。根据山西省统计局发布的《2018 年山西省人口发展现状分析》,全省年末常住人口为 3718.34 万人,人口自然增长率为 4.31‰。2018 年实现 GDP 1.68 万亿元,同比 2017 年增长了 1289 亿元,增速 8.31%。全年城镇居民人均可支配收入为 31 035 元,增长 6.5%。

山西省的人口密度在全国排名上处于中游位置,其中太原市人口密度为全省最高,忻州市人口密度为全省最低。全省的人均可支配收入与全国其他省份相比仍然较低，2018年为21 990元，低于全国平均水平28 228元。尤其近年来煤炭行业受到多重复杂因素的影响，山西省经济增长速度有放缓趋势。

山西省经济发展以重工业为主，其中煤炭行业、电力行业、冶金行业、化工行业、机械行业为山西省传统的支柱产业。随着近年来政府部门对高新产业发展的不断扶持，众多新兴产业和高新产业基地也在不断形成，一些脱胎于传统产业的高新技术中小企业如雨后春笋般出现，这些企业将为山西省未来经济发展提供新的增长点。

煤炭作为山西省的主要矿产资源，在经济增长中依然有着举足轻重的地位，2018年原煤产量为8.93亿t，规模以上焦炭产量为9076.8万t。年产钢材约4500万t。煤炭、焦炭、冶金、电力、化工、建材行业的主营业务收入有逐年下降趋势，相反食品、医药行业近年来增速迅猛，在经济增长中表现出越来越重要的作用。全省固定资产投资依然保持增长态势，其中民间投资增速远高于国有及国有控股投资增速。从三次产业来看，第一产业投资增速明显高于第二、第三产业，体现了政府部门对农业发展的扶持力度加大。煤炭产业投资继续呈萎缩态势，社会各部门对包括煤炭在内的传统产业（煤炭、焦炭、冶金、电力）的投资额明显减少，更多资金向非传统产业集聚。

总体来讲，山西省受其传统粗放式经济增长方式影响，近年来逐渐表现出经济增长乏力和经济增长代价过高的状态。从全国来看，山西省的第三产业发展处于较落后的水平，直接影响山西省近年来的经济发展速度和人民生活水平，寻找适合可持续发展的资源利用和社会发展模式对于这个以传统的资源经济见长的省份显得非常迫切。

4.1.2 水资源及其开发利用

1. 水资源概况

山西省涉及黄河、海河两大流域，共有11个地级行政区，全省总面积156 271km²，根据《山西省水资源评价》（1956～2000年系列），全省多年平均水资源总量为123.80亿m³，折合成面平均产水深为79.20mm，其中地表水资源量86.77亿m³，地下水资源量84.04亿m³，重复量47.01亿m³；全省可利用量83.77亿m³。

山西省水资源评价成果见表4-1。

表 4-1　山西省水资源总量特征值（1956～2000 年）

地区	水资源总量均值/亿 m³				面平均产水深/mm	不同频率水资源总量/亿 m³			
	地表水量	地下水量	重复量	水资源总量		20%	50%	75%	95%
太原市	1.83	4.30	0.75	5.38	78.08	6.40	5.00	4.27	3.69
大同市	5.47	6.27	3.23	8.51	60.37	10.58	7.46	6.09	5.28
朔州市	3.57	6.35	2.79	7.13	66.91	8.36	6.70	5.82	5.11
忻州市	12.45	13.67	6.60	19.52	77.64	24.33	17.98	14.51	11.54
吕梁市	9.12	8.48	4.61	12.99	61.89	16.50	11.67	9.20	7.30
晋中市	8.13	6.86	2.89	12.10	74.02	15.71	10.38	7.94	6.42
阳泉市	5.22	2.82	3.67	4.37	96.52	5.30	4.01	3.34	2.83
长治市	9.63	7.63	4.99	12.27	88.51	15.76	10.08	7.91	6.90
晋城市	10.72	8.19	6.55	12.36	132.21	15.61	10.84	8.64	7.23
临汾市	13.66	10.04	8.26	15.44	76.44	19.40	13.71	10.99	9.13
运城市	6.97	9.43	2.67	13.73	96.47	18.19	11.85	8.77	6.59
海河流域	35.87	33.50	20.86	48.51	82.08	58.98	44.58	37.20	31.52
黄河流域	50.90	50.54	26.15	75.29	74.45	91.54	69.18	57.73	48.92
全省	86.77	84.04	47.01	123.80	79.20	149.99	114.43	95.74	81.09

　　本书的现状基准年为 2014 年，现状年山西省总人口为 3647.95 万人，GDP 为 12 759 亿元（当年价），人均 GDP 为 3.50 万元，是全国平均水平的 75.2%。2014 年全省总供水量为 71.37 亿 m³，其中地表水供水量为 32.77 亿 m³，地下水供水量为 35.12 亿 m³，非常规水源供水量为 3.8 亿 m³。

　　根据 2014 年水资源量和当地水资源供水量分析，全省水资源开发利用率为 54.83%，但部分地下水已呈超采状态，部分地区呈现严重缺水状态。水资源的过度开发挤占了大量生态水量，导致河湖干涸、湿地萎缩、平原区地下水位持续下降、流域水生态环境日渐恶化。随着经济社会的发展，经济社会用水还将大量增加，水资源供需矛盾将更加突出。而流域水资源量受气候变化和下垫面变化的双重影响，减少趋势明显，山西省未来水资源情势不容乐观，开发利用非常规水源成为必然选择之一。

　　2. 水资源开发利用现状

　　2014 年山西省实际供水量约为 71.37 亿 m³。地表水源供水量 32.77 亿 m³，占总供水量的 46.0%；地下水源供水量 34.79 亿 m³，占总供水量的 48.7%；其他水源供水量 3.81 亿 m³，占总供水量的 5.3%，各水源的供水结构见图 4-1。

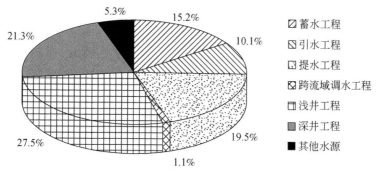

图 4-1　2014 年山西省供水结构

地表水源供水量中，蓄水工程、引水工程、提水工程及跨流域调水工程所供水量分别占地表水源供水量的 33.2%、22.1%、42.4% 和 2.3%；地下水源中，浅井工程和深井工程供水量分别占地下水源供水量的 56.4% 和 43.6%。

行政分区中，忻州市、临汾市和阳泉市以地表水源供水为主，分别占各自供水量的一半以上，太原市、长治市和吕梁市地表水源和地下水源供水量基本接近；其他各市以地下水源供水为主，地下水源供水量占各自供水量的 50% 以上。流域分区中，滹沱河区、卫河区、潼关–三门峡区、三门峡–沁河区、汾河下游区和沁河区以地表水源供水为主，占各自供水总量的 50% 以上；漳河区地表水源和地下水源供水量基本接近；其他分区均以地下水源供水为主。

山西省的水资源开发利用工程主要包括蓄水工程（水库）、引水工程、提水工程、水井工程和污水回用工程等。山西省现有大型水库共 8 座（分别为万家寨水库、汾河水库、汾河二库、文峪河水库、漳泽水库、后湾水库、关河水库、册田水库），以及中型水库 64 座和小型水库 667 座，2014 年末大中型水库蓄水总量为 13.2072 亿 m³。其中，8 座大型水库年末水库蓄水量为 9.3361 亿 m³；64 座中型水库年末蓄水量为 3.8711 亿 m³。这些水库作为山西省生产生活的战略资源，承担着灌溉、提供生产生活用水的重大责任。

2014 年，山西省用水总量为 71.3748 亿 m³，其中农田灌溉用水量 39.0565 亿 m³，占总用水量的 54.7%；城镇工业用水量 14.1911 亿 m³，占总用水量的 19.9%；居民生活用水量 9.7838 亿 m³，占总用水量的 13.7%；林牧渔畜用水量 2.4812 亿 m³，占总用水量的 3.5%；生态环境用水量 3.4386 亿 m³，占总用水量的 4.8%；城镇公共用水量 2.4236 亿 m³，占总用水量的 3.4%。具体用水组成见图 4-2。

行政分区中，由于自然地理条件和经济发展水平及产业结构的差异，各市用

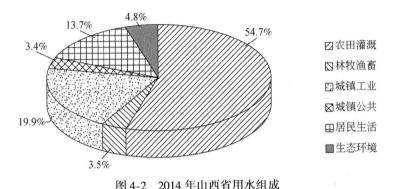

图 4-2　2014 年山西省用水组成

水组成不尽相同。大同市、朔州市、忻州市、吕梁市、晋中市、临汾市、运城市 7 市以农田灌溉用水为主，农田灌溉用水占各市用水量的一半以上，其余各市用水量各有侧重。

流域分区中，海河流域用水量 24.9992 亿 m³，占全省用水总量的 35.0%；黄河流域用水量 46.3756 亿 m³，占全省用水总量的 65.0%。各流域分区中，黄河流域汾河区用水量最大，为 27.9432 亿 m³，占黄河流域用水量的 60.3%，占全省用水总量的 39.1%。

3. 用水需求预测和缺口分析

根据山西省社会发展总体规划，2020 年城镇群需水量将达到 68.54 亿 m³，其中生活需水量 11.65 亿 m³，工业需水量 19.61 亿 m³，农业需水量 33.96 亿 m³，生态需水量 3.32 亿 m³；2030 年需水量将达到 72.01 亿 m³，其中生活需水量 13.41 亿 m³，工业需水量 22.76 亿 m³，农业需水量 32.25 亿 m³，生态需水量 3.59 亿 m³。

山西省各地区普遍存在缺水问题，各地区的主要缺水部门是工业部门和农业部门，以太原市为例，现状总缺水量为 3261 万 m³，总缺水率为 3.61%，工业缺水 1040 万 m³，缺水率为 2.97%，农业缺水 2222 万 m³，缺水率为 7.03%。生活用水和绿化环境用水基本满足要求。工业缺水的主要原因包括：①火力发电、冶金、煤炭、化工等耗水量大的工业的用水比例较大，用水定额偏高，用水重复利用率比较低；②供水水源比较单一，主要依靠开采地下水源，工业污水处理的再利用程度低。农业缺水的主要原因包括：①山西省农田灌溉以上的面积采用传统的漫灌方式，喷、微灌等节水灌溉面积较小，每亩水浇地的平均毛供水量 199m³，扣除渠系输水损失和田面的渗漏蒸发损失后，每年每亩水浇地的净供水量仅 91m³，其供水量在我国西北、华北的 11 个省份中居最末位；②气候变化导致极端水文事件频发，十年九旱的自然条件也是造成农业缺水的主要原因。

4.1.3　非常规水源利用现状

1．非常规水源种类及其分布

非常规水源是区别一般意义上的地表、地下水资源的其他类型可供利用的水资源，在山西省非常规水源包括再生水、矿井水和城市雨水。非常规水源是常规水资源的重要补充，随着经济社会的发展和水资源供求状况的变化，水资源短缺目前已成为山西省经济社会发展的重要制约因素，对非常规水源的利用越来越受到重视。

1）再生水

再生水是山西省水量最大、分布最广的非常规水源。再生水水量与城镇生活及工业的用水量、废污水排放量和污水处理率的大小直接相关。

2）矿井水

山西省煤炭储量丰富，2014 年煤炭产量 9.76 亿 t，占全国产量（38.7 亿 t）的 25.2%，矿井水排水量约 2.44 亿 m^3。

3）城市雨水

城市雨水是指在城市建成区范围降落的雨水，属城区地表水资源范畴。将城市雨水利用作为非常规水源利用的形式，主要是因为山西省以往对城市雨水资源利用较少，过去多数城市雨水与污水混排，使得雨水资源很难利用。随着水资源供需矛盾日益突出，一些城市开始重视雨水资源的利用问题，并在城市建设和水资源利用中考虑雨水资源的利用。城市雨水利用指在城市范围内有目的地采用各种措施对雨水资源进行保护和利用，主要包括①雨水收集、储存和净化后的直接利用；②利用各种人工或自然水体、池塘、湿地或低洼地对雨水径流实施调蓄、净化，进而用于城市生态环境；③通过各种人工或自然渗透设施补充地下水资源等间接利用等形式。

2．非常规水源工程

1）城市污水处理及利用工程

污水处理及利用工程主要包括污水处理厂、再生水厂、再生水利用管网工程、再生水调蓄和渠道引水工程等。

（1）污水处理厂。

1959 年太原市北郊污水处理厂投入使用，是我国最早的污水处理厂之一，太原市杨家堡污水处理厂建设于 1978 年，投产于 1986 年，现已形成 16.64 万 m³/a 的处理规模。随着经济社会的发展和水污染防治工作的深入，山西省污水处理厂建设数量逐步增加，污水处理能力不断提高。"十一五"和"十二五"期间，全省污水处理厂建设速度快速增长，污水处理能力迅速提高。2008～2014 年，全省污水处理厂数量由 61 座增加到 132 座，设计污水处理能力由 188.79 万 m³/d 提高至 328.96 万 m³/d，详见表4-2。

表4-2　2014 年山西省污水处理情况统计

地区	污水处理厂数量 /座	设计处理规模 /（万 m³/d）	实际处理量 /（万 m³/d）
太原市	12	73.74	33.27
大同市	12	28.20	10.75
朔州市	6	12.00	6.03
忻州市	16	25.47	7.14
吕梁市	13	17.95	2.03
晋中市	12	18.00	7.90
阳泉市	5	15.80	11.80
长治市	14	34.30	12.55
晋城市	6	22.00	8.50
临汾市	19	39.60	8.10
运城市	17	41.90	9.31
山西省	132	328.96	117.38

（2）再生水厂。

经污水处理厂二级处理且达到一级排放标准的再生水，一般只能用于观赏性河道景观、农田灌溉（不含蔬菜和稻田）和林业等对水质要求不高的领域，为满足工业、城市杂用、娱乐性景观等用水要求，经处理污水还需通过再生水厂进行深度处理。截至 2014 年，山西省 11 个地级市均已建再生水厂，部分县（区）

也有相应的再生水厂。

（3）再生水利用管网工程。

目前，以污水处理厂为中心，以热电厂、钢铁厂或其他工业用水大户为主要辐射点，再生水输配水主干管网均已铺设；尚无用水户的，再生水输送仍然以河渠为主。山西省很多县城采用合流制排水体制，由于排水管网不完善，管道老化，排水管网普及率低，污水不能正常收集。2014 年山西省各地区排水管网长度 7747km，排水管网密度 8.29km/km^2。各地区管网敷设情况差异很大，如和顺县排水管道密度最小，而沁源县管网密度达到最大，显示出地区发展及污水处理认识和投入的差异性很大。

2）矿井水处理与利用工程

（1）矿井水处理工程。

矿井水一般分一级处理、二级处理和三级处理，矿井水处理采用曝气调节、加药混凝、沉淀处理+除铁除锰过滤器的工艺。矿井水由井下水仓经过提升进入预沉调节池（或高山水池），经过混凝、沉淀、过滤后，进入中间水池除铁、除锰，出水回用于井下洒水或选煤厂生产用水。经过过滤、消毒等处理，用于厂区道路、广场洒水和绿化用水等。

（2）矿井水利用工程。

经处理后的矿井水再生水优先满足煤矿自身原煤及洗精煤生产用水，部分矿井水处理达到二级处理标准，满足锅炉用水水质要求后用于厂区职工淋浴用水及锅炉生产补充水，剩余矿井水经处理满足区域水功能区要求后通过厂区排水管道排入附近沟渠，下游用户收集处理后利用。

3）城市雨水利用工程

城市雨水利用工程包括雨水集蓄利用工程、景观湿地及湖泊蓄水工程、渗透地面和渗透管（井）工程等。目前，山西省城市雨水利用仍处在起步阶段，不仅利用水量很小，而且十分分散，多数城市尚未将城市雨水利用工程纳入统计范围。本书尚不能给出全省城市雨水利用工程的统计数据。

3. 非常规水源利用量

1）污水再生利用

2014 年全省城市污水排放量约为 7.50 亿 m^3（包括城镇居民生活、第二产业、第三产业污水排放量），城镇居民生活污水排放量约为 4.03 亿 m^3，第二产业污水排放量约为 2.20 亿 m^3，第三产业污水排放量约为 1.27 亿 m^3，详见表 4-3。

表 4-3　2014 年山西省污水排放量统计　　　（单位：万 m³）

地区	城市污水排放量					
	城镇居民生活污水排放量	第二产业			第三产业污水排放量	合计
		工业污水排放量	建筑业污水排放量	小计		
太原市	9 189.9	3 325.4	109.9	3 435.3	3 829.1	16 454.3
大同市	4 322.9	2 630.1	44.4	2 674.6	493.6	7 491.1
朔州市	1 985.5	1 261.3	35.0	1 296.3	311.4	3 593.1
忻州市	2 159.7	1 043.9	49.5	1 093.4	480.7	3 733.8
吕梁市	3 146.0	688.2	81.6	769.9	668.3	4 584.1
晋中市	3 100.2	1 308.1	93.0	1 401.2	1 191.6	5 693.0
阳泉市	2 300.0	1 231.0	100.9	1 331.9	481.5	4 113.4
长治市	3 444.9	1 342.7	76.4	1 419.1	825.5	5 689.5
晋城市	3 087.2	3 934.6	98.6	4 033.2	1 902.8	9 023.2
临汾市	3 734.6	1 527.8	74.3	1 602.2	785.1	6 121.8
运城市	3 839.9	2 810.0	83.4	2 893.4	1 763.4	8 496.7
山西省	40 310.8	21 103.1	847.0	21 950.5	12 733.0	74 994.0

　　2014 年再生水利用量约为 2.21 亿 m³，利用率为 29.47%，主要应用于工业用水、农业灌溉、城市绿化、河湖环境等领域，约有 5.20 亿 m³ 污水经处理后直接排入河道。经处理排入河道的污水与河道径流混合后部分被利用，该部分水量未反映在统计数据中。再生水利用量有待提高，因此再生水的利用潜力很大。山西省再生水利用情况见表 4-4。

表 4-4　2014 年山西省再生水利用量统计

地区	再生水利用量/万 m³	总供水量/万 m³	再生水利用率/%	再生水占总供水量比例/%
太原市	7 169.0	72 896.4	43.57	9.83
大同市	3 396.0	64 061.0	45.33	5.30

续表

地区	再生水利用量 /万 m³	总供水量 /万 m³	再生水利用率 /%	再生水占总供 水量比例/%
朔州市	1 313.3	49 303.6	36.55	2.66
忻州市	133.3	64 578.7	3.57	0.21
吕梁市	1 176.2	56 551.6	25.66	2.08
晋中市	586.0	68 958.4	10.29	0.85
阳泉市	2 100.0	21 394.7	51.05	9.82
长治市	2 509.5	58 360.3	44.11	4.30
晋城市	2 224.6	46 185.4	24.65	4.82
临汾市	628.6	71 577.8	10.27	0.88
运城市	862.0	139 880.8	10.15	0.62
山西省	22 098.5	713 748.7	29.47	3.10

2）矿井水利用量

2014 年，全省矿井水量约为 2.44 亿 m³，利用量为 1.28 亿 m³，外排量为 1.16 亿 m³，利用率为 52.46%。

3）城市雨水利用量

山西省城市雨水利用仍处在起步阶段，城市雨水利用量很小，缺乏统计数据。

4）非常规水利用量

山西省 2014 年非常规水利用量为 3.49 亿 m³，其中，再生水 2.21 亿 m³，矿井水 1.28 亿 m³。各 2014 年山西省非常规水利用量统计见表 4-5。

表 4-5　2014 年山西省非常规水利用量统计　（单位：万 m³）

地区	再生水利用量	矿井水利用量	总利用量
太原市	7 169.0	1 187.9	8 356.9
大同市	3 396.0	1 530.0	4 926.0
阳泉市	2 100.0	159.5	2 259.5
长治市	2 509.5	5 743.0	8 252.5

地区	再生水利用量	矿井水利用量	总利用量
晋城市	2 224.6	374.5	2 599.1
朔州市	1 313.3	41.3	1 354.6
忻州市	133.3	151.4	284.7
吕梁市	1 176.2	1 888.2	3 064.4
晋中市	586.0	1 421.7	2 007.7
临汾市	628.6	218.0	846.6
运城市	862.0	50.0	912.0
山西省	22 098.5	12 765.6	34 864.1

4. 与非常规水源利用相关的政策

山西省是重要的能源基地，水资源十分匮乏，供需矛盾尤其突出。为鼓励和规范非常规水源的利用，山西省已出台了一些地方法规和政策。2013 年 3 月颁布实施的《山西省节约用水条例》规定：建设城镇生活污水集中排放和处理设施，应当统筹规划、配套建设再生水输配管网。再生水输配管网覆盖区域内的工业企业，应当优先使用符合用水水质要求的再生水。采矿企业应当配套建设矿井水综合利用设施，并在采矿作业中优先使用矿井水。矿井水确需排放的，应当达到地表水环境质量标准Ⅲ类。

2013 年 4 月，山西省人民政府发布了《山西省"十二五"城镇污水处理及再生利用设施建设实施方案》，提出按照建设资源节约型、环境友好型社会的总体要求，顺应人民群众改善环境质量的期望，以提升基本环境公共服务能力为目标，以设施建设和运行保障为主线，统筹规划、合理布局、加大投入，加快形成"厂网并举、泥水并重、再生利用"的设施建设格局，强化政府责任，完善政策措施，加强运营监管，全面提升设施运行管理水平。

2014 年 5 月，山西省人民政府出台了《山西省人民政府关于实行最严格水资源管理制度的实施意见》提出，鼓励并积极发展污水处理回用、矿坑水和雨洪水等非常规水源开发利用，加快城市污水处理回用管网建设，逐步提高城市污水处理回用比例。

4.1.4 非常规水源利用存在的问题

1. 城镇污水利用存在的问题

"十一五"和"十二五"期间山西省投入了大量资金用于污水处理厂建设,取得了可观的成绩,但在实际调研中仍发现存在很多问题。例如,污水处理厂建设、运行中存在的问题,以及对污水再生利用的认识和污水处理厂建设存在的问题等。

1) 污水处理存在的问题

一是市县污水处理费标准低或收缴困难,以及财政拨款不足等,致使污水处理厂运转费用严重不足,污水处理厂运行无保证。二是已建污水处理厂普遍存在污水管网不配套的情况,导致污水收集量不足,不能满负荷运转,不能充分发挥污水处理厂的效益。三是部分工业企业污水排放严重超标,致使城镇污水处理厂不能正常运行,出水水质不能达标排放。四是已运行的污水处理厂建设时设计标准大多为国标二级标准或一级 B 标准,而入河排放标准要求达到国标一级 A 标准,处理工艺面临升级改造。

2) 污水再生利用存在的问题

(1) 缺乏对污水再生利用的系统规划。目前,山西省尚未建立城镇污水再生利用规划指标体系。在城镇建设总体规划中,虽然进行了城镇的供水及排水规划,但在水资源的综合配置方面缺乏统一的规划,这势必会造成建设滞后。但是从总体看,非常规水利用设施还不完善,尤其是再生水利用配套管网还很不完善,再生水不能及时输送到用水区域,与此同时,再生水厂的处理能力尚不能满足需要。

截至 2014 年,山西省已建成污水处理厂 132 座,污水处理能力已达 328.96 万 m^3/d,城市及工业污水排放量为 7.50 亿 m^3,再生水利用量为 2.21 亿 m^3,再生水利用率为 29.47%,仅占 2014 年全省用水量的 3.1%。

(2) 配套法规和政策不够完善。城镇污水再生利用需要有配套完善的法律法规和政策来保障,而目前尚无明确的政策和措施对开发利用再生水进行扶持和激励,也没有相应的强制政策措施对开发、经营进行约束。

(3) 城镇供水、排水、污水处理回用运行管理不协调。城镇污水利用涉及多种水源类型和多个用水行业,在管理上又涉及环保、建设等多个部门。虽然大多数城市都比较重视非常规水源利用,但是多数城市尚未将非常规水源纳入水资源系统进行统一配置,缺乏顶层的可操作性的规划安排。需要从整体角度统筹协调城镇污水再生利用、矿井水利用与常规水资源利用的关系，明确非常规水源开发利用布局，工程建设方案及政策措施等。

（4）再生水用户落实难度大。由于绝大部分县城城市污水排放量较小，又没有新建大型工业项目，再生水利用率较低。潜在用户对再生水回用的安全性认识不足，推广再生水应用进程迟缓。

（5）山西省污水管网普及率相对较低。首先，山西省污水管网普及率相对较低，这也是很多城市污水处理厂污水设计处理量与实际污水收集量有较大差异的重要原因，因此未来需重点建设污水管网等配套设施。其次，污水再生利用项目少，再生水利用率低，限制了水资源循环利用。

2. 矿井水利用存在的问题

（1）山西省是全国煤炭生产大省，各类煤矿企业遍布全省，煤矿数量多，排水比较分散，不利于集中处理。同时，矿井水处理利用率低，许多煤矿缺乏矿井水净化回用设施，许多小型煤矿基本上处于不加处理直接排放的状态，造成了环境污染和水资源的严重浪费，加剧了局部地区缺水的紧张状况。2014年山西省矿井水总量为 2.44 亿 m^3，利用率仅为 52.46%，无论是从国家政策要求看，还是与节水水平先进的省份相比，山西省矿井水资源均存在巨大的利用潜力。

（2）有相当多的矿井水集中在采空区，没有得到有效的利用。这极易引发矿井突水事故，破坏设备，报废矿井，而且浪费大量的地下水资源。

（3）矿井水处理规模选择不当。由于对矿井排水量的认识不足，有些煤矿在确定矿井水处理厂的规模时缺乏科学论证，致使一些矿井水处理厂刚竣工投产不久，就感到处理规模太小；也有一些矿井水处理厂出现矿井排水量远低于设计处理量的情况，造成人力和财力的巨大浪费。

（4）处理工艺不合理。主要表现在：①设计参数不合适，许多矿井水处理工程设计时，没有考虑矿井水处理工艺的特殊性，延用江河、湖泊水质设计参数，使得出水水量和水质难以达到设计要求；②药剂选择或投加不当，不同煤矿的矿井水中所含悬浮物的浓度差异较大，这种状况决定了投加混凝剂种类和数量不尽相同，由于混凝剂选择和投加不当，一些矿井水处理后达不到预期指标；③缺乏精细化监测控制设施，由于不能及时对进水和出水水质、处理流量、加药量、水池液位等进行监控，许多矿井水处理工程只有水泵和简易的加药装置，因此矿井水处理后的水量和水质无法得到保证；④一体化净水器存在缺陷，很多煤矿使用一体化净水器处理含悬浮物的矿井水，它集反应、沉淀和过滤于一体，具有占地面积少、上马快等优点，但由于采用按地表水质设计的常规净水器，处理水量通常只达到设计水量的40%~60%，不仅造成投资浪费，而且影响煤矿的正常用水；⑤由于矿井水含有微量油等，一体化净水器中塑料滤珠易结团，会影响过滤效果。

（5）建设矿井水利用设施需要投入大量的资金，但资金短缺严重制约了矿井水综合利用工程的建设。部分矿井水处理设施零配件易磨损，维修费用高，制约了处理效果。

（6）部分矿区使用年代长，矿井水处理工艺落后、设施陈旧老化，随着矿井排水量增加，无论是设施设备，还是工艺、能力都不能满足矿井水处理的要求。

4.2　山西省非常规水源分析

4.2.1　再生水利用潜力

1. 城镇生活污水排放量分析

1）城镇人口发展规模

根据山西省国民经济和社会发展规划纲要，"十二五"和"十三五"期间山西省人口自然增长率控制在5‰，本次按自然增长率5‰进行计算，则2020年山西省总人口达到3739.34万人，其中城镇人口达到2252.17万人，城镇化率由2014年的53.79%提高到60.23%。2020年山西省城镇及乡村人口规模分析结果见表4-6。

表4-6　2020年山西省城镇及乡村人口规模

地区	2014年				2020年			
	城镇人口/万人	乡村人口/万人	小计/万人	城镇化率/%	城镇人口/万人	乡村人口/万人	小计/万人	城镇化率/%
太原市	362.36	69.15	431.51	83.97	394.34	50.73	445.07	88.60
大同市	203.76	138.41	342.17	59.55	228.30	122.86	351.16	65.01
朔州市	90.52	49.84	140.36	64.49	102.23	41.96	144.19	70.90
忻州市	139.79	176.81	316.60	44.15	166.81	157.07	323.88	51.50
吕梁市	170.44	215.46	385.90	44.17	202.11	192.67	394.78	51.20

地区	2014 年				2020 年			
	城镇人口/万人	乡村人口/万人	小计/万人	城镇化率/%	城镇人口/万人	乡村人口/万人	小计/万人	城镇化率/%
晋中市	167.60	168.01	335.61	49.94	194.16	149.59	343.75	56.48
阳泉市	90.52	49.84	140.36	64.49	102.23	41.96	144.19	70.90
长治市	165.06	179.19	344.25	47.95	193.71	158.76	352.47	54.96
晋城市	130.50	102.61	233.11	55.98	148.19	90.86	239.05	61.99
临汾市	208.21	238.33	446.54	46.63	241.55	215.49	457.04	52.85
运城市	233.57	297.99	531.56	43.94	278.54	265.22	543.76	51.22
山西省	1963.33	1685.64	3647.97	53.79	2252.17	1487.17	3739.34	60.23

2) 城镇生活需水量分析

2014 年，山西省城镇人均生活用水定额介于 83.4 ~ 182.1L/d，平均为 127.33L/d，其中太原市城镇生活用水定额最高，为 182.1L/d，忻州市城镇生活用水定额最低，为 83.4L/d。2020 年，山西省城镇生活用水定额为 94.5 ~ 188.0L/d，经计算，山西省城镇生活用水量为 10.89 亿 m^3。2020 年山西省城镇生活用水量分析结果见表 4-7。

表 4-7　2020 年山西省城镇生活用水量

地区	2014 年		2020 年		
	城镇人口/万人	人均用水定额/（L/d）	城镇人口/万人	人均用水定额/（L/d）	城镇生活用水量/万 m^3
太原市	362.36	182.1	394.34	188.0	27 060
大同市	203.76	102.2	228.3	114.3	9 525
朔州市	90.52	108.9	102.23	127.2	4 746
忻州市	139.79	83.4	166.81	90.5	5 510
吕梁市	170.44	101.3	202.11	106.1	7 827
晋中市	167.6	119.2	194.16	120.2	8 518
阳泉市	90.52	162.9	102.23	170.1	6 437
长治市	165.06	123.3	193.71	127.9	9 043
晋城市	130.5	164.1	148.19	164.4	8 892

续表

地区	2014 年		2020 年		
	城镇人口 /万人	人均用水定额 / (L/d)	城镇人口 /万人	人均用水定额 / (L/d)	城镇生活用水量 /万 m³
临汾市	208.21	103.5	241.55	109.5	9 654
运城市	233.57	112.1	278.54	115.5	11 743
山西省	1 962.32	127.33	2 252.18	132.4	108 865

根据《海河流域综合规划（2012—2030 年)》预测结果，2020 年山西省海河流域城镇生活用水量为 4.21 亿 m³，其中城镇居民生活用水 2.97 亿 m³、建筑业用水 0.18 亿 m³、第三产业用水 1.06 亿 m³；根据《黄河流域综合规划（2012—2030 年)》预测结果，2020 年山西省黄河流域城镇生活用水量为 6.79亿 m³，其中城镇居民生活用水 4.12 亿 m³、建筑业用水 0.68 亿 m³、第三产业用水 1.99 亿 m³。

本次计算山西省 2020 年城镇生活用水量约为 10.89 亿 m³，与《海河流域综合规划（2012—2030 年)》《黄河流域综合规划（2012—2030 年)》所预测结果（11.0 亿 m³）基本一致，说明本次计算结果合理。

3）城镇生活污水排放量预测

由于城镇生活用水结构的不同，各地的污水排放率也略有不同。2014 年，山西省城镇生活污水平均排放率为 59.2%，2020 年山西省城镇生活污水排放率与现状年一致。经测算，2020 年山西省城镇生活污水排放量约为 6.45 亿 m³。2020 年山西省城镇生活污水排放量见表4-8。

表4-8 2020 年山西省城镇生活污水排放量

地区	城镇生活用水量 /万 m³	污水排放率 /%	城镇生活污水排放量 /万 m³
太原市	27 063	54.5	14 749.3
大同市	9 527	64.0	6 097.3
朔州市	4 748	64.2	3 048.2
忻州市	5 510	63.2	3 482.3
吕梁市	7 830	61.8	4 838.9
晋中市	8 521	60.0	5 112.6

地区	城镇生活用水量 /万 m³	污水排放率 /%	城镇生活污水排放量 /万 m³
阳泉市	6 346	53.6	3 401.5
长治市	9 046	58.6	5 301.0
晋城市	8 892	65.1	5 788.7
临汾市	9 657	58.5	5 649.3
运城市	11 739	59.6	6 996.4
山西省	108 879	59.2	64 456.4

2. 工业污水排放量预测

由于新建工业项目要求污水实现零排放，因此对 2020 年工业污水按照 2014 年实际排放量进行统计，即 2020 年山西省工业污水排放量约为 2.19 亿 m³。2020 年山西省工业污水排放量见表 4-9。

表 4-9 2020 年山西省工业污水排放量

地区	工业污水排放量/万 m³
太原市	3 435.3
大同市	2 674.6
朔州市	1 296.3
忻州市	1 093.4
吕梁市	769.9
晋中市	1 401.2
阳泉市	1 331.9
长治市	1 419.1
晋城市	4 033.2
临汾市	1 602.2
运城市	2 893.4
山西省	21 950.5

3. 再生水利用潜力

根据《水污染防治行动计划》,"到 2020 年,全国所有县城和重点镇具备污水收集处理能力,县城、城市污水处理率分别达到 85%、95% 左右",结合《山西省"十二五"城镇污水处理及再生利用设施建设实施方案》,本书提出"十三五"末,山西省污水处理率进一步提高,城市建成区污水处理率达到 89%,省会城市太原市城区实现污水全部收集和处理。经测算,2020 年山西省城镇再生水可利用量约为 7.82 亿 m³。2020 年山西省再生水利用潜力测算结果见表 4-10。

表 4-10　2020 年山西省再生水利用潜力

地区	污水排放量/万 m³			污水处理率 /%	再生水可利用量 /万 m³
	城镇生活	工业	小计		
太原市	14 749.3	3 435.3	18 184.6	98.1	17 837
大同市	6 097.3	2 674.6	8 771.9	91.9	8 064
朔州市	3 048.2	1 296.3	4 344.5	89.2	3 875
忻州市	3 482.3	1 093.4	4 575.7	87.4	3 999
吕梁市	4 838.9	769.9	5 608.8	87.2	4 889
晋中市	5 112.6	1 401.2	6 513.8	88.1	5 739
阳泉市	3 401.5	1 331.9	4 733.4	89.6	4 241
长治市	5 301.0	1 419.1	6 720.1	88.1	5 921
晋城市	5 788.7	4 033.2	9 821.9	88.1	8 652
临汾市	5 649.3	1 602.2	7 251.5	87.3	6 334
运城市	6 996.4	2 893.4	9 889.8	87.2	8 619
山西省	64 465.6	21 950.5	86 416.1	90.5	78 169

4.2.2　矿井水利用潜力

"十二五"期间,国家建设的 14 个煤炭基地中山西省有 3 个,分别为晋北、晋东和晋中,而这 3 个基地都是缺水甚至严重缺水地区。因此,必须高度重视利用宝贵的矿井水资源，把矿井水纳入水资源统一规划，发挥这一重要水源的经济社会和生态价值。

矿井水主要用途有煤矿企业的井下洒水、煤层注水、黄泥灌浆、原煤洗选、锅炉补水、道路及绿化用水等，还可用于农业灌溉和其他用水。矿井水利用量受矿井水排放量、处理技术、用水需求和用水成本等因素的影响。在缺水地区，一般认为矿井水排放量基本代表了矿井水的利用潜力。山西省矿井水以煤矿排水为主，因此本书重点分析采煤排水的现状。

1. 煤炭资源分布与开采现状

山西省从 2008 年开始大力推进煤矿兼并重组，由单一的煤炭生产向煤基多联产、延伸转化和资源循环利用的产业转变，以"经济、生态、低碳、循环、区域"为特色的循环经济发展模式为目标，依托各自的资源优势，大力发展延伸煤焦化、煤化工、煤电铝、煤建材、煤气化、煤液化等产业，开采煤层也由上组煤转变为上、下组煤层的混合开采，矿井水排放量也逐渐增大。代表性的企业有大同市大同煤矿集团公司、阳泉市的阳泉煤业（集团）股份有限公司一矿、阳泉煤业（集团）股份有限公司二矿、阳泉煤业（集团）股份有限公司三矿、阳泉煤业（集团）股份有限公司五矿。

山西省煤炭资源储量大、品种全、煤质优、埋藏浅、易开采。全省含煤面积 6.2 万 km^2，占全省面积的 40.4%，根据山西省国土资源厅 2003 年度煤炭资源储量简表和山西省第三次煤田预测资料，全省煤炭资源储量 6551.98 亿 t（2000m 以浅）。全省 117 个县（市、区）中，92 个县（市、区）有煤炭资源分布。自北向南分布有大同、宁武、西山、河东、沁水、霍西六大煤田和浑源、繁峙、五台、垣曲、平陆五个煤产地。

2014 年，全省对煤炭资源进行了大范围的重组整合，全省有矿井 1064 个，产能 12.3 亿 t/a，其中整合矿井 602 个，单独保留矿井 462 个。整合矿井中，国有重点矿井 142 个，产能 3.96 亿 t/a；地方矿井 922 个，产能 8.34 亿 t/a。

2. 2020 年矿井水排放量估算

按照《山西省人民政府关于进一步加快推进煤矿企业兼并重组整合有关问题的通知》《山西省煤炭产业调整和振兴规划》等关于煤炭企业兼并重组的规划，2020 年煤炭生产能力控制在 10.0 亿 t 以内。

直接采用《山西省水战略研究》预测成果，2020 年山西省矿井煤炭产量及矿井水排放量测算结果见表 4-11。

表 4-11　2020 年山西省矿井煤炭产量及矿井水排放量

地区	矿井设计		2020 年	
	矿井个数/个	规模/（万 t/a）	煤炭产量	矿井水排放量
太原市	69	8 035	6 074	5 012
大同市	115	14 645	11 070	3 051
朔州市	80	16 835	12 726	4 126
忻州市	53	6 460	4 883	1 843
晋中市	136	12 600	9 524	2 408
吕梁市	126	12 535	9 475	2 082
阳泉市	62	8 640	6 531	628
长治市	122	14 280	10 794	3 216
晋城市	139	14 680	11 097	4 212
临汾市	142	12 305	9 301	4 038
运城市	20	2 030	1 535	461
山西省	1 064	123 045	93 010	31 077

4.2.3　城市雨水利用潜力

　　城市下垫面主要由屋面、路面等不透水区及绿地等透水区构成。由于屋面、路面等硬化面的增加，城市降水径流量具有产流历时短、径流量大等特点。《建筑与小区雨水控制及利用工程技术规范》（GB 50400—2016）给出了城区不同下垫面条件的年降水径流系数，见表 4-12。城市屋面和地面硬化区域的径流系数在 0.4~0.9，公园、绿地径流系数为 0.15，一般城市建成区的综合年径流系数在 0.4~0.5。山西省平原农村地区的年径流系数要小得多。按 1956~2000 年系列分析，全部平原区年降水量径流系数仅为 0.07，农村地区的径流系数不足城市建成区的 1/5。可见，农村城市化后可使地表径流大幅增加。

表 4-12　城区不同下垫面条件的径流系数

下垫面	硬屋面、没铺石子的平屋面、沥青屋面	铺石子的平屋面	绿化屋面	混凝土和沥青路面	块石等铺砌路面	干砌砖石及碎石路面	非铺砌的土路面	公园、绿地
径流系数	0.8~0.9	0.6~0.7	0.3~0.4	0.8~0.9	0.5~0.6	0.4	0.3	0.15

本方案对山西省 11 个地级市的 2020 年城区地表径流量进行了估算和预测。城区年降水量采用 1956 ~ 2000 年系列成果，城市屋面和地面硬化区域的综合径流系数取 0.65，公园、绿地的径流系数取 0.15。汛期（6 ~ 9 月）降水量占全年降水量的 80% 左右，地表径流主要集中在 6 ~ 9 月。本次 11 个地级市城市建成区面积按现状年进行计算，则城区自产地表水径流量约为 1.07 亿 m³。山西省主要城市建成区面积与地表径流量估算成果见表 4-13。

表 4-13　2020 年山西省主要城镇建成区径流量

地区	建成区面积/km²	不透水面积/km²	降水量/mm	建成区产水量/万 m³
太原市	205	106	467	3 129
大同市	106	53	423	1 435
朔州市	30.9	18	406	443
忻州市	71	24	476	863
吕梁市	15.6	10	498	292
晋中市	37	22	507	671
阳泉市	51.5	13	526	599
长治市	46.5	20	579	786
晋城市	29.3	12	630	524
临汾市	39	24	538	768
运城市	50.8	36	574	1 176
山西省	682.6	338	492	10 686

4.3　山西省非常规水利用方案

4.3.1　再生水利用方案

1. 规划再生水利用量

1）再生水主要用途

根据《城市污水再生利用分类》（GB/T 18921—2002）规定的城市污水再生

分类原则、类别和范围,城市污水再生利用可分为农林牧渔业用水,以及城市杂用水、工业用水、环境用水和补充水源水五大类,其生化需氧量、氨氮等 5 种主要水质指标对比见表 4-14。

(1)工业用水:工业用水包括冷却用水、洗涤用水、工艺用水。工业是城市用水大户,用水量大且在冷却、冲灰、除尘等方面对水质要求较低,可以用再生水代替。冷却用水因在总用水量中所占比例较大且对水质要求相对较低而成为城市再生水工业回用的主要用途。工艺用水或锅炉用水要根据不同工业的不同工艺,满足其相应的水质标准,通常可在二级污水处理厂的出水基础上根据工厂、企业的用水水质要求,由工厂、企业进行进一步的处理,以达到不同行业的用水水质标准,作为生产用水,达到节约优质淡水资源的目的。工业冷却用水对水中的硬度还有一定的要求,总硬度一般不大于 450mg/L(以 $CaCO_3$ 计),污水再生利用前应采取一定的软化措施以使水质达到回用于工业的要求。

表 4-14 不同用途的再生水的主要水质要求 (单位:mg/L)

分类		生化需氧量	氨氮	悬浮物	总氮	总磷
城市杂用水	冲厕	≤10	≤10	—		
	城市绿化	≤20	≤20	—		
	道路清扫	≤15	≤10	—		
	车辆冲洗	≤10	≤10	—		
环境用水	观赏性景观河道	≤10	≤5	≤20	≤15	≤1.0
	观赏性景观湖泊	≤6	≤5	≤10	≤15	≤0.5
	娱乐性景观河道	≤6	≤5	—	≤15	≤1.0
	娱乐性景观湖泊	≤6	≤5		≤15	≤0.5
工业用水	冷却用水	≤30	—	≤30		
	洗涤用水	≤30	—	≤30		
	工艺用水	≤10	≤10	≤30		≤1.0
农业灌溉	旱地作物	≤100	—	≤100		
	水田作物	≤60		≤80		

(2)农业灌溉:根据不同农作物、不同种植方式和作物生长需要,有不同的水质要求。再生水用于农业灌溉,其水质应符合《农田灌溉水质标准》(GB 5084—2005)和《城镇污水再生利用 农田灌溉用水水质》(GB 20922—2007)。《城镇污水处理厂污染物排放标准》(GB 18918—2016)中的一级 A(一般再生水)出水,基本满足农田灌溉水质标准。结合流域内有关省市已有科研成果和污

水回用情况，一般再生水可用于旱地作物、纤维作物等水浇地作物，但不宜用于生食蔬菜、渔业养殖及水田。

（3）环境用水：环境用水包括娱乐性景观环境用水、观赏性景观环境用水、湿地环境用水。经处理的再生水与河道景观用水水质要求相似，再加上河流本身具有一定的自净能力，因此再生水作为补充水，不仅可使城市河道水质得到改善，也为河道景观提供了可靠的水源。当再生水作为与人体接触的娱乐性用水时，根据与人体接触的方式不同，再生水需要进行不同程度的处理。例如，游泳要求粪大肠菌群数不大于 10 个/L；划船、钓鱼和观赏等活动要求粪大肠菌群数不大于 500 个/L。

当完全使用再生水时，景观河道类水体的水力停留时间宜在 5 天以内。完全使用再生水作为景观湖泊类水体，在水温超过 25℃时，水体静止停留时间不宜超过 3 天；而在水温不超过 25℃时，可适当延长水体静止停留时间，冬季可延长水体静止停留时间至一个月左右。当加设表曝类装置增强水面扰动时，可酌情延长河道类水体水力停留时间和湖泊类水体静止停留时间。

（4）城市杂用水：城市杂用水包括城市绿化、冲厕、道路清扫、车辆冲洗、建筑施工和消防。随着人民生活质量的不断提高，城市道路喷洒、园林绿地浇灌等用水量逐年增大，使用再生水作为城市杂用水已经成为国内城市节约用水有效途径之一。当再生水作为城市杂用水，用于城市绿化、车辆冲洗、道路清扫和冲厕等时，因与人体接触的可能性较大，要求大肠菌群数不大于 3 个/L，再生水需进行严格的消毒。

2）再生水主要潜在用户需求分析

农业灌溉和城镇河湖环境用水对水质的要求相对较低，适合使用再生水。本书主要对农业灌溉和城镇河湖补水对再生水的需求进行分析。

（1）农业灌溉。

到 2020 年，由于全省的农业灌溉工程格局变化不大，而污水处理厂通过升级改造基本上可满足按国标一级 A 标准进行排放。因此，可近似以现状污水灌溉规模为基础分析农田灌溉对再生水的需求。

目前，主要以再生水灌溉农田的区域主要为大同市云冈区，太原市晋源区、小店区，以及晋城市城区、高平市等，污水年灌溉利用量约 3800 万 m³。

（2）城市生态。

第一，城镇河湖环境。

随着城市的建设与发展，水生态景观是城市景观的重要组成部分，傍水而居、亲近自然，成为现代城市人们追求的一种生活模式，改善城市生态环境和居住环境对城市河湖用水提出了越来越高的要求。山西省多年平均降水量只有约

508.8mm，水面蒸发量却高达 1236.4mm，利用再生水维持城市河流、湖泊水面，是降低新鲜水资源消耗、提高水资源利用率的有效途径。

分析山西省 11 个地级以上城市 2020 年维持和建设河湖生态需水量（包括市内河流、湖泊及公园内水体等），并对全省其他城镇河湖生态需水量进行估算。

根据各城市经济社会水平、水源条件及基础情况不同，河湖生态要求也存在一定差别。主要计算方法有水面生态效益法、定额法、水量损失法、换水法等，或直接采用有关城市规划的规划水量。

按照城市河湖生态需水计算方法和各城市的规划目标，考虑经济、水源等制约因素进行测算，2020 年山西省内 41 个主要城市河湖生态需水量约为 2.11 亿 m^3。2020 年山西省主要城市河湖生态需水量测算见表 4-15。

表 4-15　2020 年山西省主要城市河湖生态需水量

地区		城市公园	降水量/mm	蒸发量/mm	水面面积/hm²	年补水量/万 m³
太原市	尖草坪区	汾河公园	466.6	1 296.4	170.0	1 411
	小店区	学府公园			8.5	70
	杏花岭区	龙潭公园			18.7	156
大同市	平城区	文瀛湖生态公园	423	1 055.9	380.0	2 405
	左云县	十里河水库公园			191.0	1 209
		东山湖公园				
		卫城护城河公园			64.0	405
朔州市	朔城区	七里河公园	406.1	1 113	1 050.0	7 422
	怀仁市	人民公园			0.7	5
忻州市	忻府区	南云中河水上公园	475.9	1 064	130.0	765
		人民公园			8.3	49
	原平市	滨河公园			15.0	88
	河曲县	白朴公园			2.5	15
	保德县	新城公园			2.8	16
	岢岚县	岚漪公园			5.1	30
	繁峙县	滨河公园			9.6	56
吕梁市	孝义市	胜溪湖森林公园	497.7	1 111.8	5.0	31

地区		城市公园	降水量/mm	蒸发量/mm	水面面积/hm²	年补水量/万 m³
晋中市	榆次区	玉湖公园	506.6	1 718.4	20.0	242
		岭上公园			25.0	303
	太谷区	西苑公园			16.0	194
	介休市	汾河湿地森林公园			300.0	3 636
阳泉市	城区	城市中心公园	526	1 362.5	1.4	12
	平定县	桃河				1 065
长治市	上党区	水上公园	578.6	1 011.9	6.7	29
	潞州区	太行公园			3.1	13
	襄垣县	东湖公园			160.0	693
	屯留区	水上公园			5.0	22
晋城市	城区	龙湾公园	629.8	1 009.6	8.3	32
		泽州公园			2.3	9
	沁水县	滨河公园			19.65	75
临汾市	尧都区	古城公园	538	1 617	17.0	183
		涝洰河生态公园			7.5	81
	洪洞县	涧河公园			7.7	83
	侯马市	侯马生态公园			10.0	108
	翼城县	九龙公园			0.3	2
运城市	盐湖区	人民公园	573.6	1 240	6.0	40
		天逸公园			2.5	17
		圣惠公园			1.3	9
	芮城县	水上公园			4.4	29
	临猗县	涑水公园			13.3	89
	夏县	莲湖公园			0.5	3
山西省			508.8	1236.4		21 102

第二，城市绿化、道路等生态用水。

2014 年山西省城市生态用水量 2.77 亿 m³，其中城市河湖补水量约 2.11 亿 m³，城市绿化及道路洒水量约 0.66 亿 m³，2014 年全省城镇人口 1962.3 万人，折算人均用水量为 2.75m³。2020 年山西省城市生态需水量测算见表 4-16。

表 4-16   2020 年山西省城市生态需水量   （单位：万 m³）

地区	城市生态用水		
	城市绿化、道路洒水	河湖补水	小计
太原市	1 171	1 637	2 808
大同市	667	4 019	4 686
朔州市	311	7 427	7 738
忻州市	479	1 019	1 498
吕梁市	580	31	611
晋中市	562	4 375	4 937
阳泉市	300	1 077	1 377
长治市	559	757	1 316
晋城市	432	116	548
临汾市	695	455	1 150
运城市	800	189	989
山西省	6 556	21 102	27 658

（3）工业。

根据《海河流域综合规划（2012—2030 年）》《黄河流域综合规划（2012—2030 年）》，2020 年山西省工业用水总量约为 30.40 亿 m³，其中海河流域工业用水量 9.63 亿 m³，黄河流域工业用水量 20.77 亿 m³，比 2014 年增加 16.21 亿 m³。2020 年山西省工业用水量见表 4-17。

表 4-17   2020 年山西省工业用水量   （单位：万 m³）

地区	火电用水量	一般工业用水量	合计
海河流域	14 030	82 308	96 338
黄河流域	21 163	186 482	207 645
山西省	35 193	268 790	303 983

根据《山西省煤电基地科学开发规划水资源论证报告》，山西省煤电基地 2020 年共需新增取水量 1.35 亿 m³，其中新增再生水量 9111.2 万 m³。2020 年山西省煤电基地再生水需水量见表 4-18。

表 4-18   2020 年山西省煤电基地再生水需水量   （单位：万 m³）

地区	序号	煤电基地内电厂名称	再生水水源	再生水需水量
大同市	1	同煤塔山二期低热值煤发电项目	同煤集团生活污水处理分公司	323.7
	2	湖东"上大压小"	大同开发区污水处理厂	391.8
			大同市东郊污水处理厂	
	3	御东热电	大同市云州区污水处理厂	171.6
	4	同煤阳高低热值煤电厂	阳高县污水处理厂	182.1
	5	京能左云马道头低热值煤电厂	左云县污水处理厂	171.6
		小计		1240.8
朔州市	6	同煤朔南低热值煤发电项目	朔州市污水处理厂	171.6
	7	华电朔州热电厂	朔州市污水处理厂	182.1
	8	中煤平朔木瓜界低热值煤电厂	平鲁区污水处理厂	180.4
	9	国际能源山阴低热值煤发电项目二期	山阴县污水处理厂	171.6
	10	山阴电厂	山阴县污水处理厂	150.4
		小计		856.1
忻州市	11	华电忻州广宇二期供热机组	忻州市污水处理厂	171.6
	12	华润宁武低热值煤发电项目	宁武县污水处理厂	182.1
	13	同煤轩岗二期	轩岗镇污水处理厂	145.5
		小计		499.2
吕梁市	14	晋能公司孝义低热值煤发电项目	孝义市污水处理厂	171.6
			孝义市第二污水处理厂	
	15	晋能文水国金低热值煤热电厂	文水县污水处理厂	90.5
	16	晋能文水 2#机组	文水县污水处理厂	90.5
	17	晋能汾阳国峰热电	汾阳市污水处理厂	156.8
	18	晋能交城热电	交城县污水处理厂	156.8
	19	华电锦兴兴县低热值煤电厂	兴县污水处理厂	182.1
	20	大唐国际中阳桃园低热值煤电厂	中阳县玉洁污水处理厂	171.6
	21	晋能公司离石低热值煤热电厂	离石区污水处理厂	182.1
		小计		1202.0
太原市	22	太原第二热电厂项目七期	太原北郊污水处理厂	171.6
	23	国电太一热电重建	清徐县污水处理厂	266.2
		小计		437.8

地区	序号	煤电基地内电厂名称	再生水水源	再生水需水量
晋中市	24	瑞光二期	晋中市正阳污水净化厂	364.2
	25	国际能源灵石低热值煤发电项目	灵石污水污水处理厂	171.6
	26	大唐路鑫介休低热值煤热电工程	介休市污水处理厂	182.1
	27	阳煤明泰寿阳低热值煤热电厂	寿阳县污水处理厂	182.1
	28	阳煤左权二期低热值煤发电厂	左权县污水处理厂	231.4
		小计		1131.4
临汾市	29	晋能洪洞低热值煤热电厂	洪洞县污水处理厂	182.1
	30	漳泽电力侯马热电	侯马市污水处理厂	156.8
		小计		338.9
运城市	31	大唐绛县安峪热电	绛县污水处理厂	182.1
	32	漳泽电力永济热电	永济市污水处理厂	182.1
	33	华泽铝业河津低热值煤热电厂	河津市污水处理厂	171.6
		小计		535.8
阳泉市	34	阳煤集团西上庄低热值煤热电厂	阳泉市污水处理厂	306.8
	35	国际能源河坡热电厂	阳泉市污水处理厂	182.1
	36	晋能远盛热电厂	平定县污水处理厂	171.6
			娘子关镇污水处理厂	
	37	晋能公司盂县低热值煤发电项目	盂县污水处理厂	30.9
	38	国际能源盂县电厂	盂县污水处理厂	391.8
		小计		1 083.2
长治市	39	沁县电厂	沁县污水处理厂	233.6
	40	晋能长治欣隆低热值煤电厂	长治县污水处理厂	72.6
	41	晋能长治欣隆 2#机组	长治县污水处理厂	72.6
	42	晋煤长子赵庄低热值煤电厂	城区污水处理厂	182.6
	43	潞安长子高河低热值煤电厂	城区污水处理厂	150.3
			长治市污水处理厂	143.9
	44	漳泽"上大压小"	长治市污水处理厂	391.8
	45	华电襄垣低热值煤发电项目	永清污水处理厂	294.2
	46	协鑫长治	永清污水处理厂	36.5
	47	武乡二期	武乡县污水处理厂	208.1
		小计		1 786.2
山西省				9 111.4

3）再生水利用水量

再生水利用要集中与分散利用相结合，政策引导与政府支持相结合，将再生水作为重要水源进行统一管理、联合调配，提高再生水品质，加快推进再生水的循环利用。要优先发展工业用水，加大农业利用再生水，增加城市河湖环境用水，积极推进市政杂用。替代清洁水源，提高水资源利用效率，实现资源利用、环境改善和污染减排等多种功能。

根据经济社会发展和水生态环境保护目标，以及再生水的特点，可将再生水用于工业冷却、城镇河湖补水、城市杂用水、农田灌溉等方面。按照优水优用、劣水劣用、供需匹配、经济合理的原则合理配置再生水，规划到 2020 年山西省再生水利用量为 4.03 亿 m^3，其中工业用水 2.49 亿 m^3，农田灌溉 0.38 亿 m^3，生态 1.16 亿 m^3。城镇利用的再生水一般都要求经过深度处理。2020 年山西省平均污水处理回用率达到 51.5%。山西省 2020 年再生水利用情况见表 4-19。

表 4-19　2020 年山西省再生水利用规划

地区	城市再生水规划利用量/万 m^3						污水回用率/%
	再生水可利用量	农田灌溉	工业		生态	合计	
			小计	新增煤电基地			
太原市	17 837	1 342	5 403	438	2 765	9 509	53.3
大同市	8 064	1 000	2 998	1 241	503	4 502	55.8
朔州市	3 875	0	1 056	856	1 645	2 702	69.7
忻州市	3 999	0	974	499	1 265	2 238	56.0
吕梁市	4 889	0	1 755	1 202	216	1 971	40.3
晋中市	5 739	0	1 781	1 131	1 171	2 952	51.4
阳泉市	4 241	0	1 383	1 083	1 077	2 460	58.0
长治市	5 921	0	2 750	1 786	380	3 130	52.9
晋城市	8 652	1 472	2 076	0	506	4 055	46.9
临汾市	6 334	0	1 762	339	1 046	2 808	44.3
运城市	8 619	0	2 961	536	985	3 946	45.8
山西省	78 169	3 814	24 899	9 111	11 559	40 273	51.5

2. 再生水利用工程规划

1）污水处理厂

新建城镇污水处理设施，应根据水质目标和排污总量控制要求，选择具备除磷脱氮能力的工艺技术。按照城镇污水处理厂污泥处理处置技术有关要求和泥质标准选择适宜的污泥处理技术，尽可能回收和利用污泥中的能源和资源，鼓励将污泥经厌氧消化产沼气或好氧发酵处理后严格按国家标准进行土壤改良、园林绿化等。深度处理污水（再生水）利用，要根据再生水潜在用户分布、水质水量要求和输配水方式，合理确定深度处理后的再生水利用规模和处理工艺，再生水要达到相应的卫生安全等级要求。

在《山西省"十二五"城镇污水处理及再生利用设施建设实施方案》的基础上，结合《山西省贯彻落实水污染防治行动计划城镇工作方案》（山西省住房和城乡建设厅，2015 年 9 月）具体内容，考虑到 2015～2020 年山西省经济社会发展及生态环境对城镇污水处理及再生利用设施建设的需要，2015～2020 年，山西省新建污水处理厂 11 座，新增污水处理能力 61.75 万 m^3/d。

2015～2020 年山西省城市规划新建污水处理厂见表 4-20。

表 4-20　2015～2020 年山西省城市规划新建污水处理厂

序号	项目名称	建设（新增）规模 / （万 m^3/d）	建成时间
1	太原市汾东污水处理厂	35	2018 年
2	大同市恒安新区生活污水处理厂	6	2018 年
3	朔州市第二污水处理厂	6	2016 年
4	朔州市山阴县第二污水处理厂	1.5	2019 年
5	晋中市太谷县污水处理厂	2	2020 年
6	晋中市灵石县污水处理厂	1.8	2019 年
7	忻州市第二污水处理厂	4	2015 年
8	临汾市河西污水处理厂	4	2017 年
9	临汾市安泽县污水处理厂	0.3	2018 年
10	临汾市大宁县第二污水处理厂	0.4	2019 年
11	吕梁市兴县污水处理厂扩建	0.75	2017 年
合计		61.75	

规划在 2015～2020 年，对山西省 8 座污水处理厂进行改扩建改造，改造完成后新增污水处理规模 15.75 万 m³/d。2015～2020 年山西省污水处理厂新增规模规划见表 4-21。

表 4-21　2015～2020 年山西省污水处理厂新增规模规划

（单位：万 m³/d）

序号	项目名称	建设（新增）规模	建成时间
1	大同市广灵县污水处理厂扩建	2.0	2020 年 1 月已招标
2	朔州市平鲁区污水处理厂二期扩建	1.0	2015 年
3	大同市左云县污水处理厂扩建	2	2020 年
4	晋中市平遥县污水处理厂扩建	1.5	2018 年
5	忻州市代县污水处理厂扩建	0.5	2018 年
6	临汾市污水处理厂改扩建	8.0	2016 年
7	吕梁市兴县县城污水处理厂一期扩建	0.75	2017 年
合计		15.75	

2）污水及再生水管网建设

综合考虑已建及新增污水处理设施能力和运行负荷率要求，科学确定新增污水配套管网规模，优先解决已建污水处理设施配套管网不足的问题，抓紧补建配套管网。对在建处理设施，严格做到配套管网长度与处理能力要求相适应；对拟建处理设施，应对配套管网进行同步规划、同步设计、加快建设；对现有无法满足使用要求的雨污合流管网进行改造。

污水及再生水管道的建设受道路建设进度、征地拆迁、投资计划等因素的影响比较大，管道的建设主要是随新建道路同步实施。再生水管道主要根据工业、市政杂用、环境杂用等潜在用户的供水要求建设。

2015～2020 年，山西省 95 个县级行政区需规划新建城市污水处理厂配套管网 2378.18km，见表 4-22。

表 4-22　2015～2020 年山西省规划城市污水处理厂配套管网建设情况

地区	县级行政区/个	管网长度/km
太原市	4	90.04
大同市	7	275.13

续表

地区	县级行政区/个	管网长度/km
朔州市	4	122.45
忻州市	13	272.09
吕梁市	12	269.04
晋中市	10	243.86
阳泉市	2	80.00
长治市	11	240.36
晋城市	4	80.89
临汾市	16	310.42
运城市	12	393.90
山西省	95	2378.18

3）再生水调蓄和渠道引水工程

受占地拆迁影响，再生水管网建设难度大，投资高，难以快速发展形成系统。利用城市河湖水系输配、存储和利用再生水，既能规避管线建设难度，又能解决河湖水系的环境水源，满足沿线工业、市政和绿化灌溉需要，实现一水多用，循环利用。再生水调蓄和渠道引水工程，还可为城镇附近的农田灌溉提供替代水源。

4）工程投资

城市污水处理及再生水利用设施建设投资包括污水处理厂、再生水厂、供水管网和供水渠道 4 个部分。根据《山西省城市污水处理及再利用方案》（山西省住房和城乡建设厅）测算所采用标准，本次采用标准如下：

（1）新增污水处理规模投资：每新建 1.0 万 m^3/d 需投资 3000 万元；

（2）新增污水管网投资：每增加 1km 污水管网需投资 100 万元。

2015～2020 年，山西省城市污水处理及再生水利用共需投资 42.31 亿元，其中污水处理厂需投资 18.53 亿元，供水管网需投资 23.78 亿元。2020 年，山西省城市污水处理及再生水利用设施建设投资情况见表 4-23。

表 4-23 2020 年山西省城市污水处理及再生水利用设施建设投资情况

地区	污水处理厂		污水管网投资 /万元	总投资 /万元
	数量/个	投资/万元		
太原市	1	105 000	9 004	114 004
大同市	1	18 000	27 513	45 513
朔州市	2	22 500	12 245	34 745
忻州市	1	12 000	27 209	39 209
吕梁市	1	2 250	26 904	29 154
晋中市	2	11 400	24 386	35 786
阳泉市			8 000	8 000
长治市			24 036	24 036
晋城市			8 089	8 089
临汾市	3	14 100	31 042	45 142
运城市			39 390	39 390
山西省	11	185 250	237 818	423 068

4.3.2 矿井水利用方案

1. 规划矿井水利用量

随着矿井水利用法律法规体系的建立与完善，矿井水利用率将进一步提高。据预测到 2020 年山西省煤炭规划产量 9.3 亿 t，煤矿矿井水排放量（即利用潜力）达 3.1 亿 m^3，按矿井水收集和处理损失 10% 考虑，则矿井水可利用量达近 2.80 亿 m^3。

规划矿井水处理后优先用于矿区的原煤井下生产和选煤场用水系统，剩余矿井水可作为井口电厂生产用水，或用于矿区道路生态环境用水。规划 2020 年煤矿自身利用矿井水 2.07 亿 m^3，新增煤电基地规划电力项目利用矿井水 1071.7 万 m^3/a，利用率为 78.0%，高于"十三五"规划中确定的利用率达 75% 的目标。

2020 年山西省矿井水排放量、利用量及利用率见表 4-24；规划山西省煤电基地电力项目矿井水利用量见表 4-25。

表 4-24　2020 年山西省矿井水排放量、利用量及利用率

地区	煤炭产量/万 t	排水量/(万 m³/a)	可利用量/(万 m³/a)	原煤生产利用量/(万 m³/a)	煤炭洗选利用量/(万 m³/a)	矿井水外排量/(万 m³/a)	新增煤电基地/(万 m³/a)	利用率/%
太原市	6 074	5 012	4 510.8	1 214.8	364.4	2 931.6	306.8	41.8
大同市	11 070	3 051	2 745.9	2 214.0	332.1	199.8		92.7
朔州市	12 726	4 126	3 713.4	2 545.2	763.6	404.6		89.1
忻州市	4 883	1 843	1 658.7	976.6	293.0	389.1	145.5	85.3
吕梁市	9 475	2 082	1 873.8	1 700.0	0.0	173.8	116.0	96.9
晋中市	9 524	2 407	2 166.3	1 904.8	0.0	261.5		87.9
阳泉市	6 531	628	565.2	565.2	0.0	0.0		100.0
长治市	10 794	3 216	2 894.4	2 158.8	0.0	735.6	503.4	92.0
晋城市	11 097	4 212	3 790.8	2 219.4	665.8	905.6		76.1
临汾市	9 301	4 038	3 634.2	1 860.2	558.1	1 215.9		66.5
运城市	1 535	461	414.9	306.8	92.0	16.1		96.1
山西省	93 010	31 076	27 968.4	17 665.8	3 069.0	7 233.6	1 071.7	78.0

表 4-25　2020 年山西省煤电基地电力项目矿井水利用量

（单位：万 m³/a）

序号	电厂名称	矿井水水源	矿井水利用量
1	同煤轩岗二期	焦家寨煤矿	145.5
2	霍州煤电临县低热值煤电厂	庞庞塔煤矿	116.0
3	西山煤电古交三期低热值煤发电项目	屯兰煤矿	306.8
		东曲煤矿	
4	晋煤长子赵庄低热值煤电厂	赵庄煤矿	111.6
5	古城电厂	王庄煤矿	391.8
		常村煤矿	
		古城煤矿	
合计			1 071.7

2. 矿井水利用工程投资

2020 年矿井水利用目标，一是提高现有矿井的矿井水利用率，二是强化新建矿井的矿井水利用。为实现此目标，需要对现有矿井水收集、处理和利用设施进行完善改造，对新建矿井建设矿井水收集、处理和利用设施。在资金筹措方面，一般是采取企业自筹、银行贷款等方式。为加快矿井水综合利用的发展，提高矿井水利用的技术装备水平，形成可靠的矿井水利用能力，筹措资金向本方案中的重点示范工程、重要产矿区、严重缺水矿区、大涌水矿区等重点项目倾斜。

4.3.3 城市雨水利用方案

山西省水资源极为短缺，城市雨水资源化利用，对缓解水资源供需矛盾、提高水资源利用效率和效益具有重要作用。山西省城市雨水资源化利用尚未正式起步，与北京市、上海市等发达城市及世界发达国家相比尚有很大差距，因此山西省城市雨水资源具有很大的利用潜力，未来需从雨水利用工程建设和政策措施推动两个方面促进城市雨水资源化利用工作。

1. 城市雨水利用量

城市雨水资源利用潜力为多年平均降水条件下最大年雨水利用量，其大小不仅与城市雨水所产径流量有关，还与城市中雨水用水户用水规模、可利用的入渗区面积及入渗能力等条件有关。按 2020 年城市建设规模分析城市雨水利用潜力。

1) 城市雨水集蓄利用潜力分析

主要从以下几个方面增加城市雨水集蓄利用的潜力：一是通过强制性政策措施，在新建居民小区和单位庭院中配套建设集雨设施，增加景观及绿地用水中雨水利用比例；二是对现有居民小区进行改造，增加雨水利用量；三是加大城市湖泊雨水利用效率，通过建设城市河湖雨水集蓄系统增加城市湖泊雨水利用量。居民小区和单位庭院雨水利用潜力按雨水满足两次区内绿地灌溉用水考虑。

2) 城市雨水渗透利用潜力分析

城市雨水渗透利用是指通过工程措施额外增加的城市雨水补给地下淡水资源。位于城市集雨面的道路、广场雨水入渗补给地下水的作用不大，因此不作为雨水渗透利用潜力分析范围。主要从以下几个方面增加城市雨水集蓄利用的潜力：一是透水地面改造，将广场、人行道和庭院地面改造成透水及渗透性好的结构，增加雨水入渗量；二是在城市道路两侧建设集雨边沟增加雨水入渗量；三是建设集水池和人工湿地增加雨水入渗量。

2. 城市雨水利用工程措施规划

1）城市新建区域的雨水利用措施

2020 年，山西省城市建成区面积将在 2014 年 682.6km² 基础上略有增加，城市规划区雨水利用工程体系建设是未来几年雨水利用工程建设重点。城市规划成片的建成区、新设立的开发区、工业区，在城市建设的同时均应建设城市雨水利用综合措施，包括新建居民小区的雨水集蓄利用工程、新建厂区及单位庭院的雨水集蓄利用工程、园林绿地雨水利用系统，道路、广场雨水集蓄与渗透工程系统，以及湖泊、河道雨水集蓄系统等。通过雨水综合利用工程措施建设，新建城区地表雨水径流系数比老城区降低 10% 以上。

2）现有城市建成区的雨水利用措施

未来山西省城市雨水大部分来自现有城市建成区，因此在加强城市新建区域雨水利用工程建设的同时，要结合老城区的更新改造，完善雨水利用工程建设，主要包括现有城市公园、公共园林绿地雨水利用工程改造，现有湖泊雨水集蓄系统改造，城市道路改造时增建雨水集蓄和渗透工程，城市硬化地面、人行道的渗透改造，以及居民区和单位庭院改造工程中增建集雨工程等。

3. 城市雨水利用政策措施

目前，山西省有关城市雨水资源化利用的法律法规尚未建立，为促进雨水资源化利用，需要构建城市雨水资源利用法规保障体系。①法律层面，除了目前水法的原则性规定之外，尚未明确城市雨水利用的法律地位，今后应结合水法的修订或有关水资源法律制定，明确城市雨水利用的制度要求。②行政法规层面，地级以上城市应及时出台城市雨水利用条例，对城市雨水资源利用作全面的规定，包括雨水利用的宗旨、原则，雨水资源利用系统建设制度，雨水资源用途制度，雨水资源防污制度，雨水资源利用监督检查制度，以及法律责任等。③山西省人大、政府及相关地方立法机构，可以通过制定地方性法规或地方政府规章，结合本地区城市雨水资源利用的实际需要，将国家确定的雨水资源利用制度具体化。

4.4 方案实施的效果分析

（1）规划到 2020 年，山西省非常规水源可供水量将达到 8.53 亿 m³，其中再生水 7.81 亿 m³，矿井水 0.72 亿 m³（表 4-26）。2020 年的非常规水利用量将达到 4.13 亿 m³，水资源保障能力将得到显著提高，非常规水源利用率由 2014 年的 35.09% 提高到 2020 年的 48.48%。

表 4-26　2020 年山西省非常规水源可供水量

地区	再生水可供水量 /亿 m³	矿井水可供水量 /亿 m³	非常规水源可供水量 /亿 m³
太原市	1.78	0.29	2.07
大同市	0.81	0.02	0.83
朔州市	0.39	0.04	0.43
忻州市	0.40	0.04	0.44
吕梁市	0.49	0.02	0.51
晋中市	0.57	0.03	0.60
阳泉市	0.42	0.00	0.42
长治市	0.59	0.07	0.66
晋城市	0.87	0.09	0.96
临汾市	0.63	0.12	0.75
运城市	0.86	0.00	0.86
山西省	7.81	0.72	8.53

（2）规划全省 2020 年非常规水利用量为 4.14 亿 m³（表 4-27），比 2014 年利用量 3.49 亿 m³ 增加 0.65 亿 m³。非常规水源主要用于煤炭、煤化工、电力等工业用水和城市景观、河湖、公园等生态补水，其中工业配置水量 2.62 亿 m³，农业配置水量 0.38 亿 m³、生态配置水量 1.14 亿 m³（表 4-28）。

表 4-27　2020 年山西省非常规水利用量规划　　　（单位：亿 m³）

地区	再生水利用量	矿井水利用量	非常规水利用量
太原市	0.95	0.03	0.98
大同市	0.45	0.00	0.45
朔州市	0.27	0.00	0.27
忻州市	0.23	0.01	0.24
吕梁市	0.20	0.01	0.21
晋中市	0.30	0.00	0.30

续表

地区	再生水利用量	矿井水利用量	非常规水利用量
阳泉市	0.25	0.00	0.25
长治市	0.31	0.05	0.36
晋城市	0.41	0.00	0.41
临汾市	0.28	0.00	0.28
运城市	0.39	0.00	0.39
山西省	4.03	0.11	4.14

表 4-28　2020 年山西省非常规水源配置方案　（单位：亿 m³）

地区	农业配置水量	工业配置水量	生态配置水量	非常规水利用量
太原市	0.13	0.57	0.28	0.98
大同市	0.10	0.30	0.05	0.45
朔州市	0.00	0.11	0.16	0.27
忻州市	0.00	0.11	0.13	0.24
吕梁市	0.00	0.19	0.02	0.21
晋中市	0.00	0.18	0.12	0.30
阳泉市	0.00	0.14	0.11	0.25
长治市	0.00	0.33	0.03	0.36
晋城市	0.15	0.21	0.05	0.41
临汾市	0.00	0.18	0.10	0.28
运城市	0.00	0.30	0.09	0.39
山西省	0.38	2.62	1.14	4.14

（3）2020 年河道外再生水利用量将较 2014 年增加约 1.82 亿 m³，达到 4.03 亿 m³，全省平均污水回用率达到 51.5%，污水处理回用水平的提高，有效地减小了对新鲜水源的需求压力，提高了水资源和水环境的承载能力。

（4）2020 年矿井水除满足煤矿自身生产用水外，剩余可作为山西省煤电基地可靠供水水源，利用量 0.11 亿 m³，矿井水利用率提高到 78.0%。

（5）推进全省城市雨水利用，既可缓解城市化过程中普遍存在的水资源短缺问题，还可解决或缓解原有排水系统和河道防洪压力增大、易产生积水内涝等问题。

（6）规划到 2020 年，新建污水处理厂 11 座，新增污水处理能力 61.75 万 m³/d；新铺污水管网 2378.18km。2015～2020 年，山西省非常规水源利用工程需新增投资 42.31 亿元，主要为全省污水处理及再生水利用共需投资，煤矿矿井水收集、处理投资主要由煤矿主体自行解决。

（7）非常规水源的利用给山西省生态环境带来了直接效应：主要是保护与改善原有的生态条件。2020 年，山西省生态配置水量占非常规水源规划量的比例达到 28% 的水平（表 4-29），这些水量对城市景观、河湖、公园等的生态补水，对河湖的生态流量的存蓄都有积极作用，对山西省的生态环境起到保护作用。

表 4-29 各地区生态配置水量占比

地区	太原市	大同市	朔州市	忻州市	吕梁市	晋中市
生态配置水量比例/%	29	11	59	54	10	40
地区	阳泉市	长治市	晋城市	临汾市	运城市	山西省
生态配置水量比例/%	44	11	12	36	26	28

（8）非常规水源的利用还为山西省的生态环境带来了间接效应：主要是恢复生态及减小对生态环境的破坏。2020 年全省非常规水利用量与利用率的提升减少了山西省其他水源提供的水资源量，其中主要减少了地下水的开采，有利于地下水补给和存蓄，有助于地下水位恢复；同时再生水、矿井水的再利用避免了污水对于环境的破坏，间接对生态环境进行了改善。

第5章 海岛非常规水利用方案

5.1 海岛能源与水资源供给模式

世界岛屿有5万多个，其土地面积占全球陆地总面积的17%；生活在海岛上的人口超过7亿人，约占球人口的10%（Leal，2013）。海岛地区拥有得天独厚的"景、渔、港"等资源，其经济发展独具特色和优势，已成为世界经济发展中不可或缺的重要组成部分（Blechinger et al.，2016）。水资源和能源是任何一个国家或地区经济社会发展的重要战略资源，海岛地区自然地理环境特殊，通常而言，其自身不具备充足的常规能源和淡水资源，能源与淡水的缺乏严重制约着海岛地区的经济社会发展（Notton，2015；Kuang，2016）。

水资源系统和能源系统具有密切的耦合关系，面对海岛能源与资源两大制约，将二者联系起来统筹考虑和解决十分必要（Segurado，2015）。尽管海岛地区常规能源和淡水资源缺乏，但通常具有非常丰富的可再生能源和取用方便的海水资源（Betzold，2016；Kwon，2016），如何利用该优势统筹解决海岛地区水资源和能源问题将是十分值得考虑的问题。Kuang 等（2016）对海岛地区可再生能源利用进行了系统的总结和回顾，指出建设高效、可靠、经济、节能的海岛能源系统将是未来海岛地区能源建设的发展方向。目前，已有许多海岛开展海岛可再生能源和水资源耦合使用方面的尝试，如西西里岛逐步采用太阳能发电作为主要的能源供给，并且将一部分电能用于海水淡化（Rosaria，2016）；Sakaguchi 等（2015）通过对日本的淡路岛太阳能、风能和海洋能等可再生能源进行估算及情景分析，认为到2050年，该岛基本可以实现能源100%由可再生能源供给。在这方面，已有一些成熟的技术应用先例（Nashar，2002；Charcosset，2014）。随着科技发展和技术进步，利用太阳能、风能、生物质能、潮汐能等可再生能源驱动海水淡化或再生水处理设施，制备新鲜的淡水供给海岛社会经济系统是未来海岛水资源保障的主要模式。

5.1.1 海岛能源供给模式

目前，海岛电能的供给主要是采用海底电缆输送和柴油机发电两种方式，前者主要适用于离大陆较近的海岛，不具备普遍的适用性。柴油机发电方式更加具有普遍性，但该方式首先需要解决燃料运输的问题，加上燃料本身的价格及设备日常维护的花费，海岛柴油机发电成本很高（Kuang et al.，2016）；此外，柴油机发电会产生噪声和空气污染，对海洋生态环境的破坏在短期内难以修复。综合对现有有人岛屿的能源供给方式的调研分析，岛屿的能源供给方式大体可以归纳为如下三种模式。

模式一：岛外常规能源输入供给模式。对于一些远离大陆，自身没有常规能源或者缺乏常规能源开采能力的海岛而言，其能源通常需要由岛外全部通过常规能源的输入提供，这一类海岛较少，如在南北极海岛进行科考的科学工作者，通常是自身携带或者远距离输送能源。

模式二：岛外化石能源+本岛可再生能源供给模式。法罗群岛位于北大西洋，在英国与挪威之间，该岛有约50 000人口，每年需要约2.61亿kW·h的能源供给，目前65%能源是由化石能源供给的，这些化石能源都需要用直升机从岛外运抵，成本高昂，此外约35%能源由当地可再生能源如太阳能、水力发电和风能等供给。

模式三：综合供给模式。留尼汪岛是印度洋西部马斯克林群岛中的一座火山岛，近40年来，随着经济社会的发展，该岛人口将近翻了一番，与人口同步增长的，还有海岛的能源需求，1980年以前，该岛依靠本土水力发电即能够实现能源自给自足，如今该岛需要依赖大量的化石能源进口，化石能源发电占全部能源供给比例已达45%以上，2000~2012年，平均每年增长2.5%；与此同时，为了缓解对岛外化石能源的依赖同时也降低能源供给成本，该岛还逐步地开发了其他可再生能源，如太阳能、风能和海洋能等，并且这些可再生能源所占比例在逐步提高（Bénard-Sora，2016）。

对于自身及其周围不具备大规模油气资源和煤炭资源等常规化石能源的海岛地区而言，其能源供给多数依靠远距离从大陆购买并运输到岛内，即必须采用模式一或者模式二解决海岛能源供给，这类能源供给方式具有以下几方面的不足：①使用成本高昂，由于需要长距离海上或者空中运输，运进岛内的能源使用成本远高于大陆；②使用风险较高，由于海岛地区自身缺乏常规能源和储备，完全或者主要依靠外来能源的购买输入，容易受油价波动、战争、政局动荡和自然灾害等不确定性因素的影响；③环境污染严重，使用化石能源排放的尾气等污染海岛地区脆弱的生态环境，如马尔代夫曾大量使用购买的柴油进行发电，柴油燃烧后的大量浓烟使得周围树木枯萎或者变黑，影响了旅游景观，进而影响了当地经济发展；④碳排放量大，由于能源刚性需求较大，单一使用柴油等化石能源，大量的化石能源燃烧排放大量的 CO_2，由此引起的全球变暖问题已引起全世界的关注，马尔代夫更是因由气候变化导致的海平面上升而面临着被全部淹没的危险。

5.1.2 海岛水资源供给模式

海岛水资源供给模式主要有以下三种类型。

（1）岛外常规水供水模式。对于淡水资源极端匮乏的海岛而言，其淡水资源通常严重依靠岛外淡水的输入，这一类海岛的特点是远离大陆、人口较少、淡水资源需求量较小但属于刚性需求。一些军事用途或者科学考察用途的远离大陆的海岛通常属于这种供水模式。

（2）本岛常规水+海水淡化水模式。位于大西洋和加勒比海之间的美属维尔京群岛淡水资源较为匮乏，其供水水源包括天然降水和来自加勒比海的海水淡化水。降水主要通过雨水收集系统进行收集利用，当地政府制定法规规定所有的居民区和商业区都要修建雨水收集系统。1962 年该岛建立了第一座海水淡化厂，海水淡化水厂提供了岛上几乎所有的公共用水，公共用水中海水淡化水的比例超过 95%，仅有不足 5% 的公共用水来自位于圣克罗伊的供水井。

（3）综合供水模式。新加坡是东南亚的一个岛国，近半个世纪以来，新加坡以其出色的经济表现而闻名于亚洲乃至世界，但值得指出的是，新加坡是世界上人均水资源排名倒数第二的严重缺水国家。要支撑大规模高体量的经济增长，必然需要可靠的水资源，尽管新加坡作为一个岛国其自身水资源奇缺，但其采用综合供水模式，通过先进的水资源管理方法较好地解决了本国供水问题，新加坡约有 50% 的淡水资源从马来西亚进口，此外本地淡水来源包括天然降水、再生水和海水淡化水等。新加坡通过多方面开源增加淡水来源，并实行严格高效的水资源管理制度和节水防污制度，即采用综合供水模式成功地解决了缺水型海岛的淡水供给问题（Lim，2016）。

淡水资源的严重缺乏已成为制约海岛经济社会发展最为重要的因素之一。海岛地区水资源主要有以下几方面的特点：①降水主要为锋面雨和台风雨，不确定性大。海岛自然水资源的主要来源一般为大气降水，但海岛通常不具备形成地形雨的地形条件，降水多为锋面雨和台风雨，具有很大的不确定性，导致水资源年际年内分布极为不均，不利于水资源的调蓄利用。②地形地貌特殊，径流难形成难利用，蒸发量大。海岛地形地貌特殊，多为低丘陵山地，大多呈浑圆状，产生的径流向四周扩散，形成的径流能够有效汇集利用的很少，海岛地区缺少建设蓄水设施的适宜库址，能建设的水库其集水面积均非常小，且天然来水不足，难以抵御干旱。③地下水赋存条件差，资源贫乏，利用困难。海岛地区地下淡水资源主要分基岩裂隙水和孔隙潜水两类，但海岛地区通常风化层不发育，土壤覆盖浅，植被稀疏，岩石坚硬，地面切割微弱，裂隙不发育，地下水赋存条件差，地下水资源量非常贫乏，分布零星；此外，人类活动对地下水的影响显著，出水点不稳定，水质容易受污染，通常不具备大规模、大面积开发利用的条件。④供水共享性差，调水、引水补给困难，单方水获取成本高。群岛各海岛间调水补水困难，丰枯调剂难以实现，通过大陆引水、空运/海运水、海水淡化等方式获取水资源成本高昂，单方水获取成本过高。⑤水资源系统脆弱性大，供水面临较高断水风险。海岛水资源一般来源单一，储存量少，刚性需求较大，一旦人为或者自然因素导致供水中断或者水质不能达到供水要求，海岛就将面临完全断水的风险。

5.2　海岛能源与水资源系统耦合分析

5.2.1　海岛能源系统与水资源系统耦合框架

水资源和能源均为基础性的自然资源和重要的战略资源，两者关系十分密切（Segurado et al.，2015）。几乎所有的能源开发和利用都离不开水，而水资源开发利用又必须以能源作为动力，能源和水资源是相互关联、相互制约、相互依存的关系（Meschede et al.，2016）。

水资源的开采、输送、供给、加工和处理过程必然会消耗一定的能源。根据水资源的类型不同，生产或获取清洁用水所消耗的能源也不同。以生产或获取 $1m^3$ 清洁水为例，从地表水体（河流或湖泊）中获取约需能源 $0.37kW \cdot h$；从回收使用的废水中获取则需要能源 $0.62 \sim 0.87kW \cdot h$；通过海水淡化技术获取需要能源 $2.58 \sim 8.5kW \cdot h$（HOFF，2012）。

对于远离大陆的海岛，海底电缆输电方式的施工成本过高，而对于近海岛屿，在海底铺设电缆会对海底生态环境造成破坏。电能需求随着海岛经济社会的发展而日益增加，为满足这一需求，传统的供电方式亟待升级，普及和推广高效、环保的可再生能源发电技术迫在眉睫。海岛地区虽然通常缺乏稳定有效的能源和淡水来源，但拥有得天独厚的可再生能源和海水资源。因地制宜，大力开发海洋可再生能源和海水资源，对于在维护海洋生态环境前提下解决海岛能源供给问题会产生巨大的推动作用。由于地理环境、施工条件的限制，适合在海岛开发利用的海洋可再生能源一般有风能、太阳能、生物质能、波浪能和潮流能。因此，对于常规能源和淡水资源同时缺乏的海岛地区而言，统筹考虑海岛系统对能源和水资源的需求，综合二者的耦合关系，将可再生能源利用与海水淡化统筹起来，建立"耦合平衡，自给自足"式的海岛能源与淡水供给系统是解决海岛能源与水资源缺乏问题的发展方向。

能源系统与水资源系统具有紧密的耦合关系，图 5-1 给出了海岛能源系统与水资源系统耦合框架，能源系统与水资源系统通过水资源利用消耗能源和能源利用消耗水资源的方式联系起来。对于海岛而言，能源系统和水资源系统更是通过海水淡化紧密地联系起来，尽管二者不能够直接相互转化，但是要实现水资源系统和能源系统的有效运作，二者必须密切配合且不能分离，海水淡化等非常规水源的利用以可再生能源的开发利用为前提。

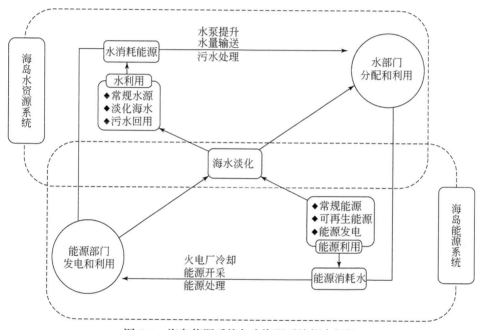

图 5-1　海岛能源系统与水资源系统耦合框架

5.2.2　基于非常规水源的能源与淡水零输入型海岛系统

基于非常规水源的能源与淡水零输入型海岛系统，是指耦合海岛可再生能源与非常规水利用系统形成的新型海岛系统，该系统统筹考虑两者的供用关系，以可再生能源为海岛的能源来源，并由可再生能源供能驱动海水淡化装置，为海岛提供淡水来源，最终达到海岛系统可以基本不依靠外来常规能源和淡水资源的输入也可维持自身的良性运转。

如图 5-2 所示，该图给出了能源与淡水全输入型、半输入型和零输入型海岛系统的特点。能源与淡水全输入型系统即能源与淡水全部依靠岛外输入，能源来源以化石能源为主，其主要缺点是能源与水的使用费用高昂，碳排放量较大，污染严重；能源与淡水半输入型系统即能源与淡水部分由外部输入，化石能源与可再生能源兼用，相对于全输入型而言，能源与水的使用费用相对较低，碳与污染排放量亦相对减少；能源与淡水零输入型系统即海岛常规能源与淡水资源零或少量输入，海岛全部或主要使用可再生能源，能源与水费的开支短期较高，长期来看，随着技术进步，成本会逐步降低且能够实现碳中和，污染物零排放。目前，海岛基本为能源与淡水全输入型系统或能源与淡水半输入型系统，即必须或多或少地依赖外界提供能源和淡水，系统脆弱性大，面临风险较高，海岛丰富的可再生能源没有得到充分利用，未来海岛将向能源与淡水零输入型系统转变。

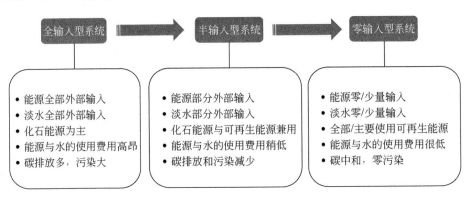

图 5-2　海岛能源与淡水系统发展趋势

5.2.3　海岛能源与水资源匹配性分析

按照节约高效的原则，参照我国大陆地区一般用电用水情况，结合海岛地区实际情况，对海岛能源与水资源需求进行合理估计。表 5-1 给出了估算的海岛人均日能源需求类型及其需求量，海岛人均能源需求量约为 7.0kW·h/d；表 5-2 给出了估算的海岛人均水资源需求类型及其需求量，海岛人均水资源需求量约为 79L/d。

假设海岛水资源全部由海水淡化提供，而海水淡化耗能为 2.58~8.5kW·h/L，根据表 5-2 给出的人均水资源需求量 79L/d，则人均需水所耗能源为 0.2~0.7kW·h，加上其他能源需求 7.1kW·h，海岛人均能源需求量约为 7.8kW·h/d。

表 5-1　海岛人均能源需求　　　　　（单位：kW·h/d）

能源需求类型	需求量
照明	0.3
烹饪	1.3
出行	0.5
电视	0.4
冰箱	0.8
电脑	0.3
空调	2.0
家用小电器	0.2
其他	1.2
合计	7.0

表 5-2　海岛人均水资源需求　　　　　（单位：L/d）

水资源需求类型	需求量
饮用	2
烹饪	8
洗浴	20
冲厕	6
粮食与蔬菜	18
市政用水	12
其他用水	13
合计	79

　　图 5-3 为海岛可再生能源发电供能过程与海岛日负荷过程对比示意图，由图 5-3 中可见，海岛可再生能源发电供能过程与海岛日负荷过程较为吻合，这有利于可再生能源发电供给海岛使用的整体调峰和利用。可再生能源发电不足以满足海岛负荷时部分电量可由柴油机发电补充，电量富余时可用于海水淡化。海岛可再生能源发电供能过程与海岛负荷过程是较为匹配的，这也在一定程度上说明了采用可再生能源驱动的能源与淡水零输入型海岛系统的"能-水"耦合在宏观上是匹配的，能源与淡水零输入型海岛系统一定程度上是具有可行性的。

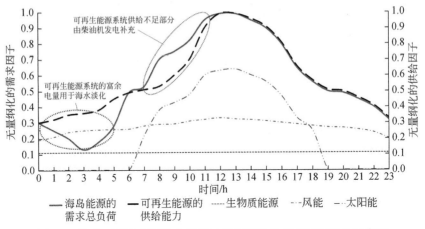

图 5-3　海岛可再生能源发电供能过程与海岛日负荷过程对比示意图

5.3　可再生能源驱动的马尔代夫非常规水利用方案

5.3.1　马尔代夫概况

马尔代夫全称马尔代夫共和国，是印度洋上的群岛国家。距离印度南部约600km，距离斯里兰卡西南部约750km。南北长约820km，东西宽约130km。马尔代夫由26组自然环礁、1192个珊瑚岛组成，其中约200个岛屿有人居住。岛屿平均面积为1~2km²，地势低平，平均海拔1.2m。位于赤道附近，具有明显的热带气候特征，无四季之分。年降水量2143mm，年平均气温28℃。日平均最高温度31℃，日平均最低温度26℃。全国总面积9万km²（含领海面积），其中陆地面积298km²。全国总人口44万（2018年底数据），均为马尔代夫族。民族语言和官方语言为迪维希语（Dhivehi），上层社会通用英语。伊斯兰教为国教。首都为马累（Malé），人口24.8万，面积为1.96km²。马尔代夫经济结构单一、资源贫乏、严重依赖进口，经济基础较为薄弱。旅游业、船运业是国家经济支柱。旅游收入对GDP的贡献率多年保持在25%左右。马尔代夫现有135个旅游岛，3.85万张床位，入住率61.2%，人均停留时间6.2天。根据中国外交部网站提供的信息，2017年马尔代夫旅游业产值4.3亿美元，同比增长3.3%。2017年接待外国游客139万人次，同比增长8%。航运业主要经营香港到波斯湾和红海地区及国内诸岛间的运输业务，中国、斯里兰卡、印度、新加坡、阿联酋、南非及一些欧洲国家有定期航班往返马累。2016 年，马尔代夫运输业产值约为 2.6 亿美元，占 GDP 的 7.2%。2011 年以前，马尔代夫曾被列为世界最不发达国家。通过多年努力，马尔代夫的经济发展取得一定成就，成为南亚地区人均 GDP 最高的国家，基础设施和互联互通水平也有较大提升。2017 年马尔代夫 GDP 为 46.48 亿美元，GDP 增长率 6.9%，人均 GDP 9671.3 美元。

5.3.2　水资源分析

马尔代夫群岛内没有任何内陆河流，只有极少的湿地和淡水湖。国家淡水资源仅存于地下含水层中，由于淡水与海水相连，淡水资源极其脆弱。整个国家的饮用水主要依靠雨水、少量地下水和海水淡化来提供。此外，饮用水供给还包括少量的桶装水，桶装水主要依靠进口，该部分供水的消费群体主要是外来游客；由于价格高昂，当地居民极少使用桶装水。马尔代夫的主要水源及利用方式介绍如下。

（1）雨水。马尔代夫降水丰富，雨水是当地水源的主要组成部分。雨水收集和储备采用钢、铁、水泥、高密度聚乙烯（high density polyethylene，HDPE）、玻璃纤维等不同材质的蓄水池，蓄水池的型号也不尽相同。每个岛都采用社区集体蓄水和住户个体蓄水两种方式。HDPE 蓄水池因易保养且耐用，而受到当地居民的欢迎。1994~2001 年，建设社区使用 HDPE 蓄水池 785 个（5000L/个），家庭住户建设各型号（1500L/2000L/2500L）HDPE 蓄水池 4350 个。

（2）地下水。马尔代夫基本没有地表水资源，主要使用雨水资源，部分雨水通过入渗储存在地下。马尔代夫海拔不足 2m，每个岛屿的淡水含水层厚度极其有限。根据联合国粮食及农业组织 2007 年数据显示，马尔代夫的地下水资源回补为 0.1m/a，整个国家的年均可再生水资源仅为 0.03m³/a。岛上居民人口越多，打井取水越多，该岛的淡水含水层厚度越低，部分地区含水层厚度不足 2m。加之人类活动的日益频繁和污染的增多，以及全球变暖导致的海水浸入，地下水资源越发脆弱。

（3）海水淡化。马尔代夫的地下水水质日益恶化，雨水资源量供不应求，因此海水淡化成为必不可少的安全用水资源。例如，首都马累有 90% 的居民依靠淡化海水生活。2014 年 12 月 4 日，马累唯一的海水淡化厂由于发生火灾无法正常供水，直接导致 130 000 居民陷入淡水危机。

5.3.3　现状能源供给与可再生能源潜力分析

马尔代夫的现状能源供给基本上需要由岛外运输供给，其最常见的发电形式就是小型柴油发电厂且马尔代夫没有统一的电网，这导致马尔代夫供电系统较为脆弱，断电风险高。目前，马尔代夫的电价较高，电价成本将近 2 元/kW·h。马尔代夫政府过去每年在购买柴油等化石能源用于发电上的花费超过 GDP 的 20%。2009 年底，马尔代夫国家电力公司曾经大幅上调电价，上涨幅度超过 40%，尽管如此，由于柴油发电成本过高，马尔代夫国家电力公司仍然处于亏损状态，每天亏损 25 000 美元。柴油发电还会大量排放温室气体和污染物，损害当地旅游景观，影响旅游业发展，并且柴油价格易受国际油价波动的不利影响。

可再生能源是马尔代夫正在发展的重要替代能源。气候变化导致全球变暖，海平面上升直接威胁着马尔代夫的生存，加之马尔代夫过去太过依赖化石能源，国际油价的变化给他们带来了消极的影响。当前马尔代夫正尝试使用可再生能源，一方面减少碳排放；另一方面减少岛外化石能源的依赖，降低发电成本。马尔代夫拥有较为丰富的可再生能源，目前开发利用的主要是风能和太阳能，该国发展以岛礁为基础的离网发电系统，依靠风、光和柴油发电互补，利用电池作为储能设备，综合解决岛内能源供给问题；以自动化控制自动调节各类发电机组，优先使用可再生能源发电，其次使用电池储能，最后使用柴油发电，可有效降低马尔代夫碳排放。马尔代夫计划未来全面实现可再生能源替代化石能源，成为"碳中和"的国家。

马尔代夫的可再生能源主要包括太阳能、风能、生物质能等。太阳能是马尔代夫最丰富的清洁可再生能源。马尔代夫平均每日每平方米的阳光照射能量为 5~5.5kW·h，南方环礁每年大约有 2700h 受阳光照射，超过全年白昼时间的一半。初步估算马尔代夫太阳能储量约为 5.7×10^{10}kW·h/a。

马尔代夫风能资源也很丰富，北纬 4~7° 地区的 50m 高空风速 6.4~6.7m/s，按 IEC 风场分类标准为 Ⅲ 类风场；风功率密度达 300~350W/m²，按中国风功率密度分级标准达到 3 级，具备开发价值。初步估算马尔代夫风能储量约为 3.8×10^{10}kW·h/a。

马尔代夫是全球著名的旅游观光地，环境保护对其经济社会发展尤其重要，利用生活垃圾、农业秸秆和动物排泄物等生物质能进行发电或者制成沼气是其可再生能源利用的一个重要方面，既可以保护环境，又可以减少垃圾处理成本，还可以提供能源，一举三得。根据马尔代夫 2017 年的情况估算，其生物质能的储量约为 4.6×10^{7}kW·h/a。

马尔代夫人口为 44 万，游客人数约为当地人数的 3~4 倍，游客平均在当地的停留时间为 6 天，按人均能源需求量为 7.8kW·h/d 来计算，则马尔代夫年度能源需求量约为 1.32×10^{9}kW·h，而马尔代夫太阳能、风能和生物质能三种主要可再生能源年储量约为 9.51×10^{10}kW·h，远大于其能源需求量，因此从整体上看，马尔代夫可再生能源储量与其能源需求量是能够匹配的，马尔代夫具备成为"碳中和"的国家的基础条件。

5.3.4 可再生能源驱动的非常规水供给方案

1. 能源需求估算

马尔代夫的能源总需求量由式（5-1）计算。

$$ED_T = ED_d + ED_w \tag{5-1}$$

$$ED_d = 365e_nP_n + e_tP_tD_t \tag{5-2}$$

$$ED_w = WD_T\eta \tag{5-3}$$

式中，ED_T 为马尔代夫每年的能源总需求量；ED_d 为马尔代夫每年不包括用于海水淡化的能源需求量；ED_w 为马尔代夫每年用于海水淡化的能源需求量；WD_T 为总需水量；e_n 为本地人口的人均能源需求量（根据表 5-1 的估算结果，该值为 7.1kW·h/d）；e_t 为游客的人均能源需求量，约为本地人口的人均能源需求量的 3 倍，即 21.3kW·h/d；P_n 为本地人口数量，2018 年马尔代夫人口数量为 44 万；P_t 为游客人口数量；D_t 为游客停留在马尔代夫的平均天数；η 为一个系数，是指通过海水淡化获得 1m³ 淡水所消耗的能量，在当前的技术条件下约为 5kW·h。

2. 水资源需求估算

马尔代夫的水资源需求包括两部分：本地人口用水需求和入境游客用水需求。水资源总需求量由式（5-4）计算。其中，WD_T 为水资源总需求量。WD_n 和 WD_t 由式（5-5）和式（5-6）分别计算。WD_n 为当地居民水资源需求量，WD_t 为游客水资源需求量。

$$WD_T = WD_n + WD_t \tag{5-4}$$

$$WD_n = 365w_nP_n \tag{5-5}$$

$$WD_t = w_tP_tD_t \tag{5-6}$$

式中，人均水资源需求量为 79L/d（表 5-2）；w_n 为当地人口的人均需水量；w_t 为游客的人均水资源需求量，约为当地人口的人均需求量的 3 倍，相当于 237L/d。根据马尔代夫目前的水资源情况，10% 的用水需求由当地水资源提供，90% 的用水需求由海水淡化提供。根据式（5-1）和式（5-6），马尔代夫的能源和水资源需求量如表 5-3 所示。马尔代夫年能源需求量为 $1.28 \times 10^9 \text{kW·h}$，年水资源需求量为 $1.35 \times 10^7 \text{m}^3$。

表5-3　马尔代夫能源和水资源需求量估算

	能源需求量/kW·h	水资源需求量/m³
本地人口	1.04×10^9	1.15×10^7
入境游客	1.79×10^8	1.99×10^6
海水淡化	6.09×10^7	—
总需求量	1.28×10^9	1.35×10^7

3. 马尔代夫可再生能源评估

马尔代夫的可再生能源包括太阳能、风能和生物质能。总可再生能源可以通过式（5-7）其中 RES_{Tre} 为可再生能源总发电量；RES_{se}、RES_{we} 和 RES_{be} 分别为太阳能、风能和生物质能发电量。马尔代夫的太阳能和风能的主要参数见表5-4和图5-4。

$$RES_{Tre} = RES_{se} + RES_{we} + RES_{be} \tag{5-7}$$

表5-4　马尔代夫各月太阳能和风能评估参数

月份	1	2	3	4	5	6	7	8	9	10	11	12
每日辐射 /(kW·h/m²/d)	5.06	5.98	5.92	5.53	5.06	4.98	5.05	4.67	5.08	5.37	5.43	4.65
晴天指数	0.51	0.58	0.57	0.54	0.52	0.52	0.53	0.46	0.49	0.52	0.55	0.48
风速/(m/s)	6.11	5	3.89	3.61	5.56	5.28	5.28	4.72	5	5.56	4.17	5.56

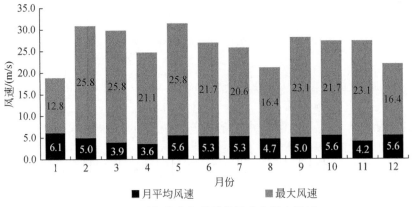

图5-4　马尔代夫各月平均风速和最大风速

（1）太阳能估算。

太阳能是马尔代夫最丰富的清洁能源。在同一季节，岛屿之间的阳光量略有不同。平均每日太阳能为 5 ~ 5.5kW·h/m²。南环礁的日照时间约为 2700 ~ 3800h，相当于每年超过一半的白天时间。式（5-8）中，RES_{se} 为太阳能发电量；λ 为可安装在太阳能发电厂中的面积比，在本书中为 5%；θ 为太阳能转化为电能的转换效率，在本书中为 5% ~ 20%，转换效率会随着不同的技术条件而变化；DR 为每日太阳辐射强度；A 为陆地面积，马尔代夫陆地面积约为 $2.98 \times 10^8 m^2$；CI 为晴天指数，代表当地有效日照时数的比例。假设每月 30.4 天，每年 12 个月，计算得到马尔代夫的年太阳能发电量潜力值为 $(1.49 ~ 5.97) \times 10^9 kW·h/a$。

$$RES_{se} = 30.4 \times 12 \times \lambda \cdot \theta \cdot DR \cdot A \cdot CI \qquad (5-8)$$

（2）风能估算。

马尔代夫的风力资源也很丰富，北纬 4 ~ 7°地区的 50m 高空风速为 6.4 ~ 6.7m/s。马尔代夫的平均风速和最大风速数据如图 5-4 所示。马尔代夫的风电功率密度为 300 ~ 350W/m²，属于Ⅲ。关于马尔代夫风能详细评估，有一些来自世界银行的现有研究成果。在世界银行的报告中，"通用风机"被定义为一个 100m 转子和 3MW 容量的发电机。"通用风机"的功率范围为 0 ~ 3000kW，对应的风速为 2 ~ 25m/s，该报告指出马尔代夫北部地区的理论开发潜力超过 6GW·h/a。本书结合马尔代夫的高分辨率气象和地形栅格数据集，给出了使用 DNV GL 风力测绘系统创建的年平均风能图，结果表明，地面以上 100m 处的年平均风能开发潜力为 3.5 ~ 6.5GW·h/a。世界银行的结果被用作风能估算的基础，评估的关键是分析在马尔代夫可以安装多少"通用风机"。

马尔代夫有大约 200 个小岛有人居住，平均面积为 1 ~ 2km²。本书假定马尔代夫的每个小岛都可以安装一个或几个"通用风机"，那么马尔代夫的风能可以通过平均风能和安装的涡轮机数量的乘积给出，初步估计马尔代夫的风能开发潜力为 $(0.7 ~ 1.30) \times 10^9 kW·h/a$。

（3）生物质能估算。

马尔代夫是国际知名的旅游景点，因此环境保护和社会经济发展尤为重要。生物质能和沼气发电（如废物、稻草和动物粪便的使用）既可以节省废物处理成本又可以提供能源，是当地可再生能源的一个重要组成部分。式（5-9）中，b 为每人每年产生的平均废物量；P 为人口。由于马尔代夫有许多游客，生物质能分为两部分，一部分来自当地人口，另一部分来自游客；BE 是每千克废物产生的能量；ε 是生物质能转化为电能的转换效率，为 5% ~ 10%。

$$RES_{be} = b \cdot P \cdot BE \cdot \varepsilon \qquad (5-9)$$

式中，b 为 200kg；BE 为 0.6kW·h/kg；ε 的范围为 5% ~ 10%。因此，马尔代夫的潜在生物质能为 (2.45 ~ 4.89) $\times 10^6$ kW·h/a。

4. 可再生能源驱动的马尔代夫能源与淡水零输入型海岛系统

马尔代夫远离大陆，自身不具备大规模常规能源和淡水资源的补给来源，要维持一定程度的经济社会发展规模和速度，必须寻找更为可靠的能源和淡水供给方案。尽管能源和水资源方面有先天不足，但也必须看到，马尔代夫作为海岛国家，在能源和水资源方面同样具有其独特的优势，那就是它拥有丰富的可再生能源和海水资源，可将二者有机地结合起来，组合成一套完整高效的能源和水资源统筹解决方案，对改善马尔代夫的生存环境和能源与水资源供给矛盾十分重要。

图 5-5 给出了可再生能源驱动的马尔代夫海岛系统的耦合框架，该系统包含可再生能源系统、能源供给系统和淡水供给系统三个子系统，能源和淡水供给系统由可再生能源系统驱动。总体思路：基于可再生能源建立海岛的能源供给系统，一部分直接利用，如由太阳能供给家庭烹饪和照明；另一部分转化为电能，以电能的形式供给多种能源需求，包括居民用电和海水淡化系统用电，该部分为主要部分。

马尔代夫的年能源需求约为 1.28×10^9 kW·h。太阳能、风能和生物质能发电总量为 2.20 ~ 7.27TW·h/a，全年可再生能源总量超过全年能源需求总量，说明马尔代夫有足够的可再生能源满足一般需求，即马尔代夫具备建设能源与淡水零输入型系统的潜力。由于可再生能源发电可能与实际负荷过程不匹配，应采用系统自适应和自调节技术来加以解决。系统的调节原则为"即发即用，零存整取，常急结合，调丰补枯"。具体调度规则：可再生能源所发的电能，即时地供给用户使用，当发电出力大于用户用电负荷时，一方面，可以采用电能存储的方式，将电能分布式地存储起来，以供应急条件下或者发电出力不足时使用；另一方面，鉴于大规模电能存蓄目前尚存在技术上的困难，可以采取"存水不存电"的方式避免发电出力的浪费，即某时段多出来的电能用于驱动海水淡化系统将海水淡化后存储起来，而当可再生能源驱动的发电出力不足时，停止供给海水淡化系统的供电，用户使用存储的淡水，将所发电能全用供给除海水淡化系统以外的用户。通过以上对马尔代夫能源和可再生能源供应的半定量和定性分析发现，马尔代夫只要对其水和能源系统进行适当的管理，就可以实现"碳中和"系统，该系统也有可能在能源和水资源条件相似的其他岛屿上实施。

实现可再生能源驱动的马尔代夫海岛系统的关键在于整合多种可再生能源发

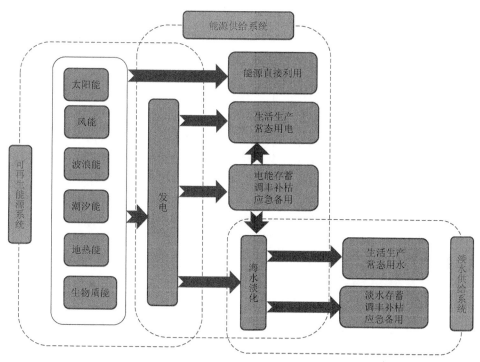

图 5-5　可再生能源驱动的马尔代夫海岛系统

电,且保证发电的电量和供需均衡性。建立稳健可靠的海岛孤网电力系统需要采用互补发电技术。互补发电将两种及以上发电方式在同一系统中补充和配合,联合运行,克服单独运行所带来的电能输出稳定性差和供给不足等问题;同时可改善负载用电需求,提高能源利用效率,适当减少蓄能装置的容量。水资源与能源系统的深度整合还可以充分利用岛屿有限的土地空间等自然资源,并由控制系统统一管理和维护,具有运行成本低和运行效率高等优点。

能源与淡水零输入型系统的核心问题是如何采用图 5-5 的耦合框架来管理淡水和能源供给系统,现阶段这两个系统往往是独立运行的,这需要时间去改进和整合。出于经济上的考虑和技术限制,在海岛上大规模实施能源与淡水零输入型系统可能需要很长时间。然而,在全球气候变化背景下,这将是一个新的趋势。

5.4　关键技术难点和可行性分析

本章提出的基于可再生能源系统的海岛非常规水利用方案目前得到实际的推

广应用,其关键技术难点包括互补发电技术、大规模电能存储技术、启停灵活的海水淡化技术,以及投融资与管理问题等。预期这些问题随着技术进步都将逐步得到解决。

5.4.1　互补发电技术

可再生能源具有间歇性和不稳定性,利用单一能源很难为用户提供稳定的电能,采用海岛可再生能源多能互补发电技术可以很好地解决这一问题,充分利用各种海岛可再生能源,这样可以适当减小蓄电池等储能装置的规模,降低运行和维护成本。另一方面,独立运行的海岛系统一般会遇到投入产出比和电能输出稳定性等因素的制约,因而很难实现高效和稳定的能源供给,技术的推广和应用也会受到影响,所以需要研发互补的发电技术。

5.4.2　大规模电能存储技术

对于海岛孤立电网而言,由于系统较小且网络简单,电力来源和需求均相对单一,电力系统的脆弱性较大,面临着较高的断电风险,因此要实现供用电系统的稳健运行,就需要维持较大的电能静态存储规模,一方面对可再生能源不稳定出力产生的富余电能进行存储;另一方面,储存的电能可供电力供应不足或供电系统失效时应急使用。总体而言,大规模电能存储技术是提高海岛孤网运行容错性和风险应对能力的重要手段,是建立可再生能源驱动的能源与淡水零输入型海岛系统的关键技术之一。

5.4.3　启停灵活的海水淡化技术

现有海水淡化装置一般要求长时间连续运行,启动和停机不方便。为了适应海岛可再生能源系统出力不均匀问题,往往需要在电网系统峰荷时段关闭海水淡化装置,在谷荷时段启动海水淡化装置,以达到用负荷调整来适应可再生能源系统出力变化的目的。这就要求研发出启停灵活的海水淡化装置。

5.4.4　投融资与管理问题

可再生能源发电设施的单位发电量投资较常规发电要高,且对于海岛地区而言,大规模的建设可再生能源发电系统,需要大量的固定投资且短期内难以收回成本，因此其投融资风险是一个不可回避的问题。可再生能源驱动的能源与淡水零输入型海岛系统是一个全新的能源与淡水统筹解决方案，该系统高度耦合海岛可再生能源系统和淡水系统，是一个复杂度较高的系统。在管理方面，能源-水资源统一调度、储水不储电、多源电能耦合使用、海岛孤网控制运行等方面没有前人的经验可以借鉴，需要探索适合这种新型"能-水"供给系统的先进管理模式。

本章研究提供了一个由可再生能源驱动的通用岛屿能源和水系统，马尔代夫的案例表明该系统框架适用于离岸岛屿。随着互补发电技术、大规模电能存储技术、启停灵活的海水淡化技术等新技术的发展，能源与淡水零输入型系统将在海岛地区成为现实。海岛地区的能源和水资源禀赋不足，其生存和发展严重依赖岛外能源和淡水资源的输入。通过促进可再生能源开发利用，加强能源系统与水资源系统的深度耦合，建设由可再生能源驱动的海岛供水系统可使得海岛逐步成为能源与淡水零输入型系统，实现海岛系统内部良性循环和自我平衡，达到"碳中和"与"零污染"的目的，不仅可为海岛自身可持续发展奠定坚实基础，而且可减少碳排放，为减缓气候变化做出贡献。通过分析马尔代夫能源与水资源需求及评估当地可再生能源发现，构建可再生能源驱动的海岛供水系统具备实施的基础条件。当然，前期的一些研究曾指出，马尔代夫"只有可再生能源在经济上不可行"。这是在当时的经济技术条件下分析得出的结论，随着关键技术的突破，可再生能源开发成本的降低，长期来看，未来的能源与淡水零输入型系统是可行的，这为海岛非常规水利用提供了一个前瞻性的方案。

第 6 章 | 促进缺水地区非常规水利用的政策建议

非常规水利用具有增加供水、减少排污、提高用水效率、优化区域水资源利用结构、减轻常规水资源压力，改善水生态环境等多种功能，是实现用水总量控制、节水优先和系统治理的重要手段，对缓解我国缺水地区水资源供需矛盾具有重要意义。近年来，党中央、国务院和水利部党组高度重视非常规水源开发利用工作，《中共中央 国务院关于加快水利改革发展的决定》《国务院关于实行最严格水资源管理制度的意见》都明确提出要鼓励并积极发展污水处理回用、雨水和微咸水开发利用、海水淡化和直接利用等非常规水源开发利用。《国务院关于印发水污染防治行动计划的通知》《中共中央 国务院关于加快推进生态文明建设的意见》《水利部关于非常规水源纳入水资源统一配置的指导意见》等要求积极推进非常规水源利用，将非常规水源纳入水资源统一配置。

近些年，各级政府在党中央、国务院和水利部党组指导下，也相继出台了一系列的政策、法规、标准、规范，通过试点示范带动作用，在缺水地区形成了开发利用非常规水源的氛围，非常规水源开发利用量逐年增加。根据水利部确定的 2020 年用水控制红线不超过 6700 亿 m^3 的目标，各地区未来水资源约束条件将更为明显，用水矛盾将更为突出，非常规水源开发利用的压力倍增。从总体来看，我国非常规水源利用尚处于起步阶段，与发达国家相比还有一定差距，政府对于非常规水源开发利用的引导、激励和强制手段还不够完善，未能形成非常规水源开发利用的常态、长效促进机制，亟须加强我国非常规水源利用的法律法规及政策制度体系建设，促进非常规水源利用向更加高效化、法制化和规范化发展。

6.1 国际非常规水利用的政策经验

6.1.1 再生水利用

美国加利福尼亚州的再生水利用处于世界领先水平。19 世纪 60 年代以来，加利福尼亚州水委员会一直鼓励加利福尼亚州安全使用再生水，政府积极制定法律和政策，设定再生水使用目标，资助再生水项目，以补充水资源供应。加利福尼亚州再生水利用目标为：2020年达到年利用量25亿 m^3，占规划新增水源的40%左右。再生水作为加利福尼亚州水资源的重要组成部分，具有完善的规划设计体系、系统的法律法规体系和完备的监督管理体系。加利福尼亚州水法明确指出，再生水利用是加利福尼亚州水源的重要组成部分，加利福尼亚州各立法机构应尽可能采取各种措施鼓励再生水利用，以满足其日益增长的用水需求。为促进再生水的利用，加利福尼亚州从再生水水质控制、生产与输送、利用风险控制等多个层面进行了详细立法和管理。为提高再生水源水质，加利福尼亚州政府要求各区域水质管制局必须对工业排放充分监测并严格执行工业污水预处理法案，确保工业污水在排入市政污水管道之前能充分去除有害物质，保障再生水水源的水质。在加利福尼亚州再生水水质管理标准体系中，对于污水处理水平也进行了严格限定。此外，加州政府颁布了一系列规定，以保障再生水厂设施的可靠性，包括设计与运行的各个方面，如故障预警系统、电力供应系统、应急储备与处置系统、处理工艺，以及化学品供应、储存与流入设施等。科学的再生水利用规划、严格的源水水质控制方案、简单易操作的再生水水质标准、明确的管理体系，以及完备的风险控制体系都是加利福尼亚州再生水成功利用的关键环节，对制定我国再生水利用政策具有一定借鉴意义。

6.1.2 雨水利用

近年来，雨水回收利用受到美国、德国、日本、澳大利亚等发达国家的普遍重视。收集雨水作为市政用水，不仅增加了可用水资源，而且减轻了城市防洪的压力。德国的城市雨水利用已经完全步入标准化和产业化阶段，德国建立了健全的城市雨水管理技术体系及相关配套的法律体系。德国是一个不存在缺水问题的国家，多年平均降水量为800mm，且年内分配均匀，但德国是雨水管理最为先进的国家之一，雨水利用技术在全国范围内得到大规模的推广。德国实行的雨水排放费制度规定，不管是私人房屋还是工厂企业，直接向下水道排放雨水必须按房屋的不透水面积，每平方米缴纳一定的费用，但是采取雨水利用设施的用户就可获得相应的减免和优惠。德国联邦和各州的相关法律不但规定了受到污染的降水径流必须经处理达标排放，还明确规定开发商规划与建设开发区时，必须根据实际用地情况将雨水利用系统作为开发区规划建设的重要组成部分，开发商在对新项目进行开发时，必须采取措施对雨水资源实行标准化的处理和有效的利用且按规定考虑了雨水利用可减免雨水排放费。因此，开发商在进行区域规划、建设或改造时，均将雨水利用作为重要内容考虑，尤其在建设大面积商业开发区时，更是结合区域水资源实际，因地制宜，将雨水利用作为提升开发区品位的组成部分。

6.1.3 海水淡化和利用

据国际水资源协会统计数据显示，截至2013年，世界上大约有150多个国家在不同程度地实施海水淡化技术，将淡化后的海水当作工业、农业用水甚至饮用水（海水淡化：国际经验与未来前景）。沙特是世界第一大淡化水生产国，其50%的水供应量来自海水淡化，拥有超过30家海水淡化工厂。海水淡化工程的建设耗资较大，技术复杂，建设难度大，沙特政府必须通过政策来加大支持力度，促进海水淡化技术及产业的发展。沙特政府每年都对海水淡化工业投入大量资金，沙特海水淡化工业也因此达到6%的年增速，成为全球增速最高的国家。沙特还在不断完善海水淡化的技术和标准，通过运用先进技术和设备大大提高了海水淡化的质量。

6.1.4 矿井水利用

澳大利亚在矿井水利用方面处于国际领先水平。澳大利亚是一个矿产资源丰富的国家，矿业是推动其经济发展的动力之一。澳大利亚非常重视整个矿业生命周期的水资源管理。国际矿井水协会成立于1979年，总部就设在澳大利亚的悉尼市，是一所以矿井水和环境问题为主要研究方向的国际协会。在澳大利亚矿井水管理中，在采矿作业全生命周期的所有阶段都充分利用重复使用或循环使用水的机会，并对矿井水的水质进行严格控制，以避免对环境造成污染。

6.2 缺水地区非常规水利用的总体政策建议

6.2.1 加强资源统筹，推进将非常规水源纳入水资源统一配置

将非常规水源纳入水资源管理大体系之中，进行统一配置。常规水资源和非常规水源同属可供人类利用的资源。随着水资源宏观管理政策的不断完善，科学技术水平的不断提升，非常规水源的开发利用量也将不断加大。因此，要将非常规水源作为水资源不可或缺的组成部分，将非常规水源的开发、利用和管理纳入

水资源管理的大体系之中统一配置，以提高非常规水源开发利用效率。《水利部关于非常规水源纳入水资源统一配置的指导意见》，明确了非常规水源纳入水资源统一配置的总体要求、配置领域、强化措施、监督管理和组织保障，并指出要根据不同地区水资源条件、经济社会发展水平，对城镇再生水、雨水、微咸水、海水等分类制定措施，实行差异化指导。各地区应从战略高度充分认识城市非常规水源利用的重大现实意义，确立非常规水源是水资源重要组成的战略观念，扎实推进"水十条"中将再生水、雨水和微咸水等非常规水纳入水资源统一配置的任务，确立各级水行政主管部门指导非常规水源开发利用并将其纳入水资源统一配置的法律地位。遵循能用尽用的原则，将非常规水源纳入水资源供需平衡分析和水资源配置体系，明确非常规水源需求和配置量。并且，在规划或建设项目水资源论证环节中，应首先论证非常规水源利用的可行性并结合技术经济合理性分析，统筹协调非常规水利用与常规水资源利用的关系，确定非常规水源利用方向和方式，提出非常规水源配置方案或利用方案，优先配置非常规水源，推动具备条件的项目充分利用非常规水源。另外，还要强化源头控制，加强取水许可制度和监督管理，规范取用水行为。要严格把好水资源论证关口，针对不合理的以淡水作为用水水源的高用水项目，有关部门不予常规水资源取水许可。环境绿化、人工水域补水等生态用水，要积极利用非常规水源，杜绝使用地下水和自来水厂供水。

6.2.2 推进依法管理，加快建立非常规水利用法律法规和标准体系

严格执行《中华人民共和国水法》《中华人民共和国水污染防治法》等法律法规，加快非常规水源利用配套法规建设，将污水处理再生利用、雨水利用、矿井水利用工作纳入法制化轨道，从法律上确立各级政府、制水企业和用水户责任和义务，要加强执法检查力度，规范利用工作的开展。国家相关部委应尽快出台"非常规水利用条例"等行业引导性政策法规，从宏观角度引导水资源形势严峻的城市，因地制宜地推动非常规水利用工作，建立有针对性的地方法规。从产业政策、部门职责、工作推动、法律责任等方面给予明确的法律保障，解决非常规水利用的监督管理部门在规划布局、规范标准、建设投入、运作经费、配套设施、激励机制等各方面存在的问题。

加快非常规水源利用规范和标准的制定工作。要在现有工作的基础上，研究和建立污水处理再生利用、雨水利用、矿井水利用、海水淡化和直接利用等标准体系，完善技术标准、管理标准和产品标准。在非常规水利用规范和标准的基础

上，积极组织编制和完善非常规水利用专项规划。结合城市总体规划和相关专项规划，全面考虑城市的水资源现状，全面分析缺水地区非常规水源当前面临的形势和任务，对非常规水源进行统筹安排，在规划中确定非常规水源利用的发展目标、发展重点和区域布局，并将其纳入当地的经济和社会发展规划。在雨水利用方面，协调城市雨水利用与用地布局、绿地景观、水系、道路、防洪等城市规划要素，积极编制和完善城市雨水的综合利用专项规划；在再生水利用方面，从城市的自身特点出发，对再生水的用途及用量，再生水厂规模及管网的规划布局等进行统筹安排，积极编制和落实再生水利用专项规划；在海水淡化方面，积极落实各地区的海水淡化目标，加快建设海水淡化工程，提高海水淡化的日产规模；在矿井水利用方面，继续坚持矿区优先使用矿井水的用水配置策略，积极推进和完善矿区矿井水综合利用专项规划，矿井水利用规模必须与矿区及周围生产、生活用水结合起来，因需而用，因地制宜，除保证矿区生产、生活和生态用水外，还要尽力满足矿区电厂、化工、冶金等高耗水行业的需要，尽可能多的替代地下水或地表水，保护有限的水资源。

6.2.3 依靠科技进步，提升非常规水利用技术水平

1. 加大科技投入，积极推动非常规水开发和利用技术的研发、示范和推广

我国非常规水利用技术驱动力不足。再生水、淡化水、雨水等非常规水源在处理技术和工艺上与国外差距不大，但由于国内设备品种不全、结构不合理、产品质量不稳定等因素，关键设备、关键部件主要依靠进口，设备国产化缺乏原动力（曲炜，2011）。应加大对非常规水源关键技术、关键工艺、关键设备的研发力度。在现有技术的基础上，组织重点技术攻关，进一步加强非常规水源利用的科技创新能力建设。在雨水综合利用方面，以蓄水设施建设、雨水利用模式、景观化雨水收集利用系统、雨水回灌地下水技术、雨水径流污染控制技术及高效低价集雨表面材料为重点，加强雨水储存、利用和截污技术研究力度；在再生水利用方面，在混凝、过滤、消毒或自然净化等污水深度处理技术及处理过程中，以污泥处理和无害化处置的实用技术为重点，加大膜处理、新型生物脱氮等新技术的研发力度。利用已有技术和研究成果进行集成创新，提高处理效果，降低处理成本。在电力、煤化工、钢铁等高用水行业加快推广应用再生水直流冷却技术，积极发展再生水循环冷却技术；在海水利用方面，加强海水淡化技术等关键技术及其设备的科技攻关，积极研发工业余热、风能、太阳能、潮汐能等可再生能源与海水淡化相结合的工艺技术，提高海水淡化设备国产化比例，同时加大从海水

中提取钠、溴、镁等化工原料的研发和推广力度，实现海水淡化与新型制盐业的有效结合；在矿井水利用方面，由于井下空间环境的特殊性，矿井水井下处理难度远大于地面，需要解决好诸多关键技术问题，包括井下空间利用、安全防爆、自动控制、系统模块化和可移动化设计等技术，并且要研究和推广适用于重要产矿区、严重缺水矿区及大涌水矿区的矿井水利用技术，重点研发和示范推广集成膜过程深度处理技术设备、矿井水井下处理技术工艺、智能全向流模块式净化技术装备等，优化处理工艺，提高自动检测、自动控制等现代化能力，不断扩大矿井水利用规模，提高矿井水利用水平。

2. 加大投入的同时，还要做好充分的市场调研，使科研成果与市场紧密结合

非常规水利用在我国起步时间不长，有些科研成果成熟度低，仍然停留在小试、中试规模，尚未推广；有些科研成果超前，生产成本高，市场需求不旺盛，企业不愿意转化；有些科研成果偏重于单一技术的研发，对集成化、规模化技术缺乏研究，不能满足企业兼备工艺、装备、技术等工程研发可行性的要求。因此，现阶段还应研发与国情相适应的，经济高效的非常规水开发与利用技术，并加强非常规水利用潜力、非常规水源统一配置、非常规水源开发与利用风险管控等一体化的技术研究，提升我国非常规水利用的综合技术水平。

3. 坚持典型示范，建立非常规水利用技术和产品的推广机制

注重典型示范的作用，在典型示范的基础上积极推广，建立非常规水源利用技术和产品的推广机制，通过典型示范工程实际的建设成本、处理水质能力、运行成本及对当地经济社会的推动作用，对非常规水利用的发展进行引导。

6.2.4 实行激励政策，大力扶持和促进非常规水利用

1. 加大政府资金投入

再生水、雨水、淡化水及矿井水等非常规水源开发利用是关系全社会供水安全的公益性事业，要强化各级政府责任，加大各级公共财政投入，稳定资金渠道。相比常规水源，非常规水源的收集、储存、输送、处理更加需要基础设施，其建设需要投入资金且非常规水源处理成本较高，在行业发展初期尤其需要政府大力扶持。目前，国家在财政、税收、投融资等方面的实质性扶持政策还不够，企业投资经营积极性不高，用户用量增长缓慢，限制了非常规水源开发利用规模与发展速度。对于再生水利用，政府资金可以发挥启动市场、降低投资风险的作

用，可以扶持再生水厂的工程建设；对于雨水利用，加强雨水利用项目的投资，不但可以促进雨水资源的回收利用，而且雨水收集利用设施的建设可以减少雨水管线和排洪设施的建设，减少这方面的市政资金投入；对于海水淡化，在海岛地区制定海水淡化开发利用相关税收（如企业所得税、增值税等）的优惠政策，最大限度地降低制水成本。同时，加大对海水淡化项目的价格扶持和土地保障力度；对于矿井水利用，积极支持矿井水利用技术研发和工程项目建设，对有条件的矿区，鼓励企业，特别是电力、化工等高用水企业与矿区联合开发利用矿井水，共同开展矿井水利用工程的建设。

2. 完善价格形成机制，发挥价格杠杆作用

非常规水源水价普遍偏离制水成本，成本与水价严重倒挂。成本价格直接影响企业的良性发展，要加快水价改革，形成合理的水价机制，使非常规水源供水价格合理的反映其真实价格。在用户可承受水价的范围内，实施差别化的阶梯机制，对用水大户进一步上调自来水价格，建立非常规水源的成本补偿机制和价格激励机制，利用价格杠杆激励企业对非常规水源的开发，鼓励用户对非常规水源的利用。完善污水处理收费政策，按照保障污水处理运营单位保本微利的原则，逐步提高吨水平均收费标准，逐步降低再生水制水成本，根据再生水用途制定不同的具有一定优势的价格，再生水价格由各地根据《城市供水价格管理办法》的有关规定制定。

3. 研究制定鼓励非常规水利用的财税政策

一是对非常规水制水企业给予投资建厂和企业生产等方面的优惠政策；二是对用水企业给予一定的财税减免政策，促进非常规水源的产生和利用。

4. 拓宽投资渠道

在政府的引导下，本着"谁投资、谁受益"的原则，积极推进 PPP 模式，引进私营企业和民营资本，参与市政基础设施领域的投资、建设和运营，引导和动员社会各界积极参与，保障非常规水源利用相关产业健康稳定发展。

6.2.5 建立协调机制，强化政府指导与协调

加强组织协调，建立非常规水源利用综合协调机制。非常规水源利用涉及发展改革、水利、环保、建设、地矿、煤炭、财税等多个部门，建议从国家层面制定非常规水源利用的协调机制，加强指导与协调，及时解决非常规水源利用中的

重大问题，大力推进非常规水源利用工作。非常规水源点多、面广，其规划还应充分考虑城市总体规划与产业布局，并加强与水资源规划、城市总体规划、环境保护规划、土地利用规划等专项规划的衔接。此外，我国非常规水源的利用方向多元，有景观环境用水、工业用水、城市非饮用水、农业用水等，涉及多个部门，因此需要在各用水部门和单位做好协调配合，建立非常规水源用途的协调机制，以提高非常规水源综合利用效率。

6.2.6 广泛宣传教育，增强全社会非常规水利用的自觉性

加强宣传教育活动，促进非常规水源开发利用的观念更新。现阶段民众对非常规水源的认识不足，对非常规水利用不了解或存在排斥心理。将非常规水利用的宣传纳入水资源节约系列宣传活动，使民众充分认识到水资源紧缺的现状和非常规水源开发利用的重大作用，使非常规水利用的必要性、紧迫性家喻户晓，深入人心。充分发挥相关学会和协会的作用，组织开展非常规水利用方面的国内外学术交流和有关活动，促进非常规水利用工作的健康发展。充分利用网络等各种新媒体加大对非常规水利用的宣传力度，让公众更多地了解非常规水利用的知识，正确的引导人们的用水观念，使全社会对非常规水源有正确的认识，促进社会对非常规水源开发利用的观念的更新，激发全社会的节水和非常规水源开发利用的自觉性。

第7章 | 结论与展望

7.1 主 要 结 论

水资源短缺已成为一个全球性的挑战，增加淡水量，提高水资源利用率已经成为世界各国的共同选择。随着科学技术的快速发展，海水、微咸水、雨水等非常规水源的利用也正式登上历史舞台。本书先从我国水资源供需矛盾的现实情况出发，指出为缺水地区提供非常规水利用方案，缓解缺水地区用水压力，具有积极的理论意义和实践需求。然后，从利用技术、国家相关政策及利用实践三方面介绍了国内外非常规水利用的研究进展，分别介绍了五类非常规水源（雨水、再生水、微咸水、海水及矿井水）的利用技术的发展过程及发展现状。从现状来看，各类非常规水源已具有相应的处理技术并具备开发利用的技术条件。从国内外颁布的与非常规水相关的政策来看，水资源紧缺地区更加注重非常规水的开发利用，其所制定的政策也更加规范完善。从新加坡和北京非常规水利用的实践来看，非常规水利用在新加坡和北京已形成较为完善的利用模式，表明非常规水利用具有可实现性，可以在缺水地区加以推广。因此，本书对缺水地区非常规水利用模式、不同类型缺水地区非常规水利用方案及促进缺水地区非常规水利用的政策建议的探讨，具有重要的实用意义。本书响应了生态文明建设的号召，对于落实"节水优先、空间均衡、系统治理、两手发力"新时期治水方针，也具有积极的参考意义。本书也可为不同类型缺水地区的非常规水利用提供可选择的方案，提升缺水地区的水资源承载能力，保障区域用水安全。

本书基于当前全球水资源短缺问题突出和我国水资源供需问题严峻的背景，依据不同地区缺水的原因，将缺水类型分为资源性缺水、工程性缺水及水质性缺水。在此基础上，立足于前人的研究成果，对我国不同原因导致缺水的省市进行了归纳总结，进一步分析了因多种因素而导致的缺水地区类型。针对不同类型缺水地区的非常规水源进行了介绍，包括再生水、矿井水、雨洪水等，并调研了我国缺水地区的非常规水利用数据，以此数据为支撑，对不同缺水类型地区非常规水源的利用情况及发展潜力进行了分析。针对不同类型缺水地区的再生水、矿井水、雨洪水的非常规水利用模式进行了分析，并绘制了包含非常规水来源、净化处理方式及主要利用途径的非常规水利用模式图。因不同类型非常规水源的利用目的不同，水质标准和污水深度处理的工艺也不同，因此本书对当前国内外较为常用的污水再生处理技术及工艺、矿井水利用技术、城市雨洪水利用技术进行了解析。

本书以厦门市为案例，介绍了工程性及水质性缺水地区的非常规水利用方案。厦门市水资源安全保障宜采用"护好本地水，做好节约水，用好外调水，备好淡化水，净好再生水"的总体策略，其中保护是核心，节水是根本，调水是关键，非常规水源是重点。由于雨洪资源的利用较为困难，海水淡化的成本又太高，经济上不合算，因此本研究建议厦门市非常规水源利用优先使用城市再生水。同时，本书以山西省为案例，介绍了资源性缺水地区的非常规水利用方案。非常规水资源的开发利用是解决山西省水资源难题的重要手段。通过分析山西省的水资源情势，指出了山西省的社会经济结构，并道出了山西省"少水、缺水、需水"的严峻现实。之后指出了山西省非常规水利用现状以及存在的问题，主要在于意识落后、管理失责、设备不足、技艺欠缺等多个方面。然后，分析了山西省非常规水的来源，主要包括再生水和矿井水，证明了山西省非常规水数量可观，质量可用，前景可期的可靠事实。此外，为提高山西省非常规水的开发利用水平，本研究为不同水源制定了各自的利用方案，包括对再生水进行污水处理和渠道引水等技术，对矿井水采用鼓励处理和加大补助等措施，以期实现非常规水的利用最大化。本研究还分析了方案实施后的效果，以此证明了山西省非常规水利用将有效缓解山西省水资源短缺的现状，并且在治理水污染、防止内涝等也有积极作用，同时也将为山西省的生态环境带来可观效益。本书以马尔代夫为例，提出了基于可再生能源的海岛非常规水开发利用方案。基于大量调研解析了现状海岛能源与水资源的供给模式，归纳了海岛能源与淡水系统发展趋势，提出了海岛能源系统与水资源系统的耦合框架。本书提出海岛非常规水开发利用目前还是一个前瞻性的技术方案，其实施和推广应用还需要可再生能源开发和水处理技术的大幅提升。

近年来，党中央、国务院和水利部党组高度重视非常规水源的开发利用工作，多次发布中央文件及指导意见，推动我国非常规水利用。各级政府也相继出台了一系列的政策、法规、标准、规范，在缺水地区形成了开发利用非常规水源的氛围。从总体来看，我国非常规水利用尚处于起步阶段，与发达国家相比还有一定差距，政府对于非常规水源的开发利用的引导、激励和强制手段还不够完善，未能形成非常规水源开发利用的常态、长效促进机制，亟须加强我国非常规水利用的法律法规及政策制度体系建设，促进非常规水利用向更加高效化、法制化和规范化发展。本书在借鉴国际优秀非常规水利用经验的基础上，从法律法规、技术标准、经济激励、监督管理、宣传教育等多个层面，对我国再生水、雨水、海水及矿井水等非常规水源的利用提出了相关的政策建议。

7.2 展　　望

非常规水源是水资源开发利用的重要组成部分，在常规水资源无法满足当今社会经济发展需求时，需要建立非常规的水资源开发模式。但是，目前仍有大量的非常规水源没有得到有效的利用，问题主要在于管理和技术方面：在管理上存在缺乏扶持政策和统一规划等问题；在技术上存在技术标准不完善、技术驱动力不足等问题。

针对以上出现的问题，一方面应着眼于管理方面，出台政策，做好规划。一是制定优惠政策，鼓励使用非常规水源，从水价、财政、金融、税收等方面，研究出台鼓励非常规水利用的优惠政策，如对于使用非常规水源的企业或个人免征污水处理费；对使用非常规水源的企业实施税费减免政策等。二是统一规划，统一管理，从水资源安全和可持续发展战略的高度认识非常规水源的重要地位，将雨水、再生水、海水淡化水等非常规水源与地表水、地下水纳入区域水资源进行统一配置。在编制水资源规划时，要考虑将非常规水源纳入水资源配置体系，并注意与专项规划的衔接。在建设项目水资源论证和取水许可审批时，优先考虑非常规水源。三是完善法律、法规与标准体系，非常规水源利用的成熟发展应以其健全的法律法规为支撑，并辅以有强有力的管理手段。在法规政策方面，将非常规水源的综合开发和利用纳入城市规划和建设体系中，政府出台非常规水源开发利用和管理的相关办法或条例，修订相关标准，改善出厂水水质。在管理方面，设立专门机构实施统一管理，并配备健全的监测体系，这一切都保证了水污染治理方面强有力的管理。

另一方面应进一步开展有关非常规水利用方面的理论研究，开发新工艺、新技术。决定投资成本很重要的一个因素是工艺的选择。目前，我国城市污水处理厂普遍采用的工艺为普通活性污泥法、氧化沟法、间歇式活性污泥法等，与美国、德国等发达国家所采用的技术与工艺几乎处于同一水平，投资费用高昂，而这与我国当前的经济实力是不相称的。我国应开发推广与现阶段国情相适应的、经济实用的水处理技术。

最后要积极开展节水宣传，提高公众参与度。要更加注重开展形式多样、内容丰富的公众节水宣传，增强居民的节水意识。非常规水源的利用，离不开公众的广泛参与，需要通过宣传、示范和技术推广，引导人们形成正确的用水观念，培养良好的用水习惯，全面建设可持续发展的节水型社会。

参 考 文 献

柏蔚，高菲．2015．对再生水利用的分析及思考．环境科学与管理，40（10）：188-191．

曹淑敏，陈莹．2015．我国非常规水源开发利用现状及存在问题．水利经济，33（4）：
　　47-49，61．

曹雅，汲奕君，朱坦，等．2013．环渤海地区非常规水资源利用现状及保障对策．生态经济，
　　（4）：174-177．

陈卫平．2011．美国加州再生水利用经验剖析及对我国的启示．环境工程学报，5（5）：
　　961-966．

程江，徐启新，杨凯，等．2007．国外城市雨水资源利用管理体系的比较及启示．中国给水排
　　水，23（12）：68-72．

程普云，董翊立，李智慧，等．2001．煤炭工业矿坑水形成机理及综合利用分析．水利水电科
　　技进展，（6）：40-42．

程学丰，胡友彪，庞振东．2005．淮南矿区矿井水水质特征及其资源化．安徽理工大学学报
　　（自然科学版），25（3）：5-8．

褚金鹏．2017．临潼校区雨水径流污染特征分析及利用研究．西安：西安科技大学．

丁文喜．2011．中国水资源可持续发展的对策与建议．中国农学通报，27（14）：221-226．

杜玉龙．2010．东川因民铜矿区矿坑水水化学特征及资源化利用．昆明：昆明理工大学．

宫利娟，张智渊，王玉杰．2018．城市污水全量循环过程中再生水利用模式探讨．环境与可持
　　续发展，43（2）：49-51．

顾青林．2018．新时期雨洪资源利用与管理思考．能源与环保，40（8）：138-140．

郭强．2018．煤矿矿井水井下处理及废水零排放技术进展．洁净煤技术，24（1）：33-37，56．

郭炘蔚．2018-03-21．联合国报告：2050年全球将有50多亿人面临缺水．http://
　　www.chinanews.com/gj/2018/03-21/8472483.shtml．［2020-06-28］．

郭永杰，崔云玲，吕晓东，等．2003．国内外微咸水利用现状及利用途径．甘肃农业科技，
　　（8）：3-5．

韩洋，齐学斌，李平，等．2018．再生水灌溉对作物及土壤安全性影响研究进展．中国农学通
　　报，34（20）：96-100．

韩曜蔚，董彬，尉海东．2017．城市雨水收集利用现状及措施．安徽农学通报，23（4）：
　　51-52．

何绪文，张晓航，李福勤，等．2018．煤矿矿井水资源化综合利用体系与技术创新．煤炭科学
　　技术，46（9）：4-11．

纪运广, 刘璐, 刘永强, 等 . 2018. 船舶反渗透海水淡化工艺研究 . 舰船科学技术,
　　40 (3): 119-123.

姜磊, 涂月, 李向敏, 等 . 2018. 污水回收再利用现状及发展趋势 . 净水技术, 37 (09):
　　60-66.

李昆, 魏源送, 王健行, 等 . 2014. 再生水回用的标准比较与技术经济分析 . 环境科学学报,
　　34 (7): 1635-1653.

李美娟 . 2010. 城市雨水资源利用效益评价研究 . 大连: 大连理工大学 .

李世龙 . 2015. 山西省水安全评价研究 . 大连: 辽宁师范大学 .

梁硕硕, 房琴, 闫宗正, 等 . 2018. 水分调控降低盐分对夏玉米的影响 . 中国生态农业学报,
　　26 (9): 1388-1397.

蔺颖 . 2010. 山西省需水预测及水资源优化配置研究 . 西安: 西安理工大学 .

刘福 . 2018. 山西大水网供水体系综述 . 山西水利, 34 (1): 17-18.

刘克 . 2012. 北京市典型河湖再生水补水生态环境效应研究 . 北京: 首都师范大学 .

刘友兆, 付光辉 . 2004. 中国微咸水资源化若干问题研究 . 地理与地理信息科学, (2): 57-60.

刘志勇 . 2016. 昆明市城市住宅小区雨水水质特性及资源化研究 . 昆明: 昆明理工大学 .

卢磊 . 2010. 雨水蓄留渗透技术在天津地区的应用研究 . 天津: 河北工业大学 .

栾兆坤, 范彬, 贾建军, 等 . 2003. 水回用技术发展及其趋势 . 化工技术经济, (11): 31-39.

马辉 . 2006. 清河门矿坑水开发利用研究 . 阜新: 辽宁工程技术大学 .

马慧敏 . 2015. 基于 DPSIR 模型的山西省水资源可持续性评价 . 太原: 太原理工大学 .

米文静, 张爱军, 任文渊 . 2018. 国外低影响开发雨水资源利用对中国海绵城市建设的启示 . 水土
　　保持通报, 38 (3): 345-352.

曲炜 . 2011. 我国非常规水源开发利用存在的问题及对策 . 水利经济, 29 (3): 60-63.

全新峰, 张克峰, 李秀芝 . 2006. 国内外城市雨水利用现状及趋势 . 能源与环境, (1): 19-21.

邵晓华 . 2006. 海州露天矿矿坑水治理及利用 . 阜新: 辽宁工程技术大学 .

申红彬, 张书函, 徐宗学 . 2018. 北京未来科技城 LID 分块配置与径流削减效果监测 . 水利学
　　报, 49 (8): 937-944.

史鑫 . 2017. 山西省城镇群水资源优化配置研究 . 山西水土保持科技, (4) 9-10.

孙洪星, 童有德, 邹人和 . 2000. 煤矿区水资源的保护及污染防治 . 中国煤炭, 26 (3): 9-11.

孙文洁, 李祥, 林刚, 等 . 2019. 废弃矿井水资源化利用现状及展望 . 煤炭经济研究, (5):
　　20-24.

谭平, 梁媛 . 2016. 基于模糊物元的云南省工程型缺水程度分析 . 水电站设计, 32 (4):
　　76-80.

童绍玉, 周振宇, 彭海英 . 2016. 中国水资源短缺的空间格局及缺水类型 . 生态经济,
　　32 (7): 168-173.

王国峰 . 2016. 分散式污水处理模式系统及应用研究 . 资源节约与环保, (3): 38-39.

王娟, 郑雄, 陈银广 . 2016. 城市污水回用现状与应用进展 . 给水排水, 42 (S1): 87-92.

王全九, 单鱼洋 . 2015. 微咸水灌溉与土壤水盐调控研究进展 . 农业机械学报, 46 (12):
　　117-126.

王全九, 许紫月, 单鱼洋, 等 . 2018. 去电子处理微咸水矿化度对土壤水盐运移特征的影响 . 农业工程学报, 34 (4): 125-132.

王彤 . 2016. 下凹式绿地等 LID 技术及城市雨水利用工程的应用研究 . 天津: 天津大学 .

王卫东 . 2004. 浅析山西水资源现状及综合利用对策 . 地下水, 26 (4): 249-251.

王阳 . 2018. 基于海绵城市理论下的城市公园设计中的雨水利用研究 . 杭州: 浙江农林大学 .

魏磊 . 2016. 晋中盆地夏玉米生长对微咸水灌溉的响应研究 . 太原: 太原理工大学 .

吴迪, 赵勇, 裴源生, 等 . 2010. 我国再生水利用管理的建议 . 水利水电技术, 41 (10): 10-14.

吴敏, 黄茵, 李青云, 等 . 2012. 微咸水淡化技术研究进展 . 水资源与水工程学报, 23 (2): 59-63.

武明亮 . 2017. 株洲市一江四港再生水补水方案研究 . 西安: 西安理工大学 .

徐秉信, 李如意, 武东波, 等 . 2013. 微咸水的利用现状和研究进展 . 安徽农业科学, 41 (36): 13914-13916.

徐泽林 . 2019. 基于城市雨水资源化的收集与利用研究 . 山西建筑, 45 (7): 148-149.

杨方亮 . 2018. 煤炭矿区资源综合利用现状与前景分析 . 煤炭加工与综合利用, (9): 69-73.

杨英杰 . 2013. 北京市再生水工艺评价及优化研究 . 北京: 北京建筑大学 .

叶鸿烈, 郑彦捷, 赵云胜, 等 . 2019. 太阳能海水淡化技术的经济性模型与影响因素分析 . 太阳能学报, 40 (5): 1225-1231.

叶凯 . 2019. 中东地区海水淡化项目市场分析 . 现代营销 (信息版), (7): 170-171.

奕永庆 . 2004. 雨水利用的历史现状和前景 . 中国农村水利水电, (9): 48-50.

尉永平, 张国祥 . 1997. 国内外雨水利用情况综述 . 山西水利科技, (2): 50-53.

苑宏英, 谷永, 张昱, 等 . 2017. 再生水集中和分散处理与供水模式的历史进程 . 给水排水, 43 (8): 131-136.

张晨星 . 2017. 矿井水资源化优化配置及高铁锰矿井水处理工艺优化 . 邯郸: 河北工程大学 .

张春玲, 付意成, 臧文斌, 等 . 2013. 浅析中国水资源短缺与贫困关系 . 中国农村水利水电, (1): 1-4.

张宏伟 . 2018. 城镇污水处理工艺与回用技术 . 吉林农业, (24): 68.

张昱, 刘超, 杨敏 . 2011. 日本城市污水再生利用方面的经验分析 . 环境工程学报, 5 (6): 1221-1226.

赵勇, 裴源生, 陈一鸣 . 2006. 我国城市缺水研究 . 水科学进展, (3): 389-394.

郑智颖, 李凤臣, 李倩, 等 . 2016. 海水淡化技术应用研究及发展现状 . 科学通报, 61 (21): 2344-2370.

朱淑飞, 薛立波, 徐子丹 . 2014. 国内外海水淡化发展历史及现状分析 . 水处理技术, (7): 12-15.

左建兵, 刘昌明, 郑红星, 等 . 2008. 北京市城区雨水利用及对策 . 资源科学, (7): 990-998.

Betzold C. 2016. Fuelling the Pacific: Aid for renewable energy across Pacific Island countries. Renew Sustain Energy Rev, 58: 311-318.

Blechinger P, Cader C, Bertheau P, et al. 2016. Global analysis of the techno-economic potential of renewable energy hybrid systems on small islands. Energy Policy, 98: 674-687.

Bénard-Sora F, Praene J P. 2016. Territorial analysis of energy consumption of a small remote island: proposal for classification and highlighting consumption profiles. Renew Sustain Energy Rev, 59: 636-648.

Charcosset C. 2014. Combining Membrane Processes with Renewable Energy Technologies: Perspectives on Membrane Desalination, Biofuels and Biogas Production, and Microbial Fuel Cells Membranes for Clean and Renewable Power Applications. Gugliuzza: Basile Woodhead Publishing.

Chaudhri S G, Chaudhari J C, Singh P S. 2017. Fabrication of efficient pervaporation desalination membrane by reinforcement of poly (vinyl alcohol)-silica film on porous polysulfone hollow fiber. Journal of Applied Polymer Science, 135 (3): 45718.

Ciriminna R, Pagliaro M, Meneguzzo F, et al. 2016. Solar energy for Sicily's remote islands: on the route from fossil to renewable energy, 5: 132-140.

Department of Water, Government of Western Australia. 2013. Western Australian Water Inmining Guideline. https://www.water.wa.gov.au/__data/assets/pdf_file/0019/1819/105195.pdf[2020-06-28].

Elimelech M, Phillip W A. 2005. The future of seawater desalination: energy, technology, and the environment. Science (American Association for the Advancement of Science), 333 (6043): 712-717.

Gawad G A, Arslan A, Gaihbe A, et al. 2005. The effects of saline irrigation water management and salt tolerant tomato varieties on sustainable production of tomato in Syria (1999 – 2002). Agricultural Water Management, 78 (1-2): 39-53.

Hari D, Reddy K R, Vikas K, et al. 2018. Assessment of rainwater harvesting potential using GIS. IOP Conference Series: Materials Science and Engineering, 330: 012119.

Hoff H. 2011. Understanding the Nexus. Stockholm: Stock-holm Environment Institute.

Jafarinejad S. 2017. A comprehensive study on the application of reverse osmosis (RO) technology for the petroleum industry wastewater treatment. Journal of Water and Environmental Nanotechnology, 2 (4): 243-264.

Jia X X, Klemeš, J J, Varbanov P S, et al. 2019. Analyzing the energy consumption, GHG emission, and cost of seawater desalination in China. Energies, 12 (3): 463.

Karan R, Rajan K C, Sreenivas T. 2019. Studies on lowering of uranium from mine water by static bed ion exchange process. Separation Science and Technology, 54 (10): 1607-1619.

Kawakami T, Nakada M, Shimura H, et al. 2018. Hydration structure of reverse osmosis membranes studied via neutron scattering and atomistic molecular simulation. Polymer Journal, 50 (4): 327-336.

Kim T, Gorski C A, Logan B E. 2017. Low energy desalination using battery electrode deionization. Environmental Science & Technology Letters, 4 (10): 444-449.

Kuang Y, Zhang Y, Zhou B, et al. 2016. A review of renewable energy utilization in islands. Renew Sustain Energy Rev, 59: 504-513.

Kurihara M, Takeuchi H. 2018. Earth-friendly seawater desalination system required in the 21st century. Chemical Engineering & Technology, 41 (2): 401-412.

Kwon S, Won W, Kim J. 2016. A superstructure model of an isolated power supply system using renewable energy: development and application to Jeju Island, Korea. Renew Energy, 97: 177-188.

Li Z T, Wang C B, Li Z Y, et al. 2019. Efficient interfacial solar steam generator with controlled macromorphology derived from flour via "dough figurine" technology. Energy technology, 7 (9): 1900406.

Lim H S, Lu X X. 2016. Sustainable urban stormwater management in the tropics: an evaluation of Singapore's ABC Waters Program. J. Hydrol, 538: 842-862.

Meng L J, Huang M H, Bi L, et al. 2018. Performance of simultaneous wastewater reuse and seawater desalination by PAO-LPRO process. Separation and Purification Technology, 201: 276-282.

Meschede H, Holzapfel P, Kadelbach F, et al. 2016. Classification of global island regarding the opportunity of using RES. Appl Energy, 175: 251-258.

Notton G. 2015. Importance of islands in renewable energy production and storage: The situation of the French islands. Renew Sustain Energy Rev, 47: 260-269.

Nnaji C C, Tenebe I T, Emenike P G C. 2019. Optimal sizing of roof gutters and hopper for rainwater harvesting. Environmental Monitoring and Assessment, 191 (6): 338.

Pizzichini M, Russo C, Meo C D. 2005. Purification of pulp and paper wastewater, with membrane technology, for water reuse in a closed loop. Desalination, 178 (1-3): 351-359.

Rahaman M F, Jahan C S, Mazumder Q H. 2019. Rainwater harvesting to alleviate water scarcity in drought-prone Barind Tract, NW, Bangladesh: a case study. Sustainable Water Resources Management, 5 (4): 1567-1578.

Ranjitha P R, Ratheesh R, Jayakumar J S, et al. 2018. Theoretical modelling and optimization of bubble column dehumidifier for a solar driven humidification-dehumidification system. IOP Conference Series: Materials Science and Engineering, 310: 012065.

Richards B S, Park G L, Pietzsch T, et al. 2014. Renewable energy powered membrane technology: Safe operating window of a brackish water desalination system. Journal of Membrane Science, 468: 400-409.

Sakaguchi T, Tabata T. 2015. 100% electric power potential of PV, wind power, and biomass energy in Awaji island Japan. Renew Sustain Energy Rev, 51: 1156-1165.

Segurado R, Costa M, Duić N, et al. 2015. Integrated analysis of energy and water supply in islands. Energy, 92: 639-648.

Shahkaramipour N, Ramanan S N, Fister D R, et al. 2017. Facile grafting of zwitterions onto membrane surface to enhance antifouling properties for wastewater reuse. Industrial & Engineering Chemistry Research, 56 (32): 9202-9212.

Sriramulu D, Yang H Y. 2019. Free-standing flexible film as a binder-free electrode for an efficient hybrid deionization system. Nanoscale, 11 (13): 5896-5908.

Stefanoff J, Stacey D, Almaas J, et al. 2011. Use of softening-enhanced high density sludge treatment to recover mine water for beneficial irrigation reuse. Proceedings of the Water Environment Federation, (11): 5151-5159.

United States Environmental Protection Agency (USEPA). 2012. Guidelines for Water Reuse.

Wolf F, Surroop D, Singh A, et al. 2016. Energy access and security strategies in Small Island Developing States. Energy Policy, 98: 663-673.